Mathematik Kompakt

 Birkhäuser

Mathematik Kompakt

Herausgegeben von:
Martin Brokate
Karl-Heinz Hoffmann
Götz Kersting
Kristina Reiss
Otmar Scherzer
Gernot Stroth
Emo Welzl

Die Lehrbuchreihe *Mathematik Kompakt* ist eine Reaktion auf die Umstellung der Diplomstudiengänge in Mathematik zu Bachelor- und Masterabschlüssen.

Inhaltlich werden unter Berücksichtigung der neuen Studienstrukturen die aktuellen Entwicklungen des Faches aufgegriffen und kompakt dargestellt.

Die modular aufgebaute Reihe richtet sich an Dozenten und ihre Studierenden in Bachelor- und Masterstudiengängen und alle, die einen kompakten Einstieg in aktuelle Themenfelder der Mathematik suchen.

Zahlreiche Beispiele und Übungsaufgaben stehen zur Verfügung, um die Anwendung der Inhalte zu veranschaulichen.

- **Kompakt:** relevantes Wissen auf 150 Seiten
- **Lernen leicht gemacht:** Beispiele und Übungsaufgaben veranschaulichen die Anwendung der Inhalte
- **Praktisch für Dozenten:** jeder Band dient als Vorlage für eine 2-stündige Lehrveranstaltung

Martin Ziegler

Mathematische Logik

2. Auflage

 Birkhäuser

Martin Ziegler
Mathematisches Institut
Universität Freiburg
Freiburg, Deutschland

Mathematik Kompakt
ISBN 978-3-319-44179-5   ISBN 978-3-319-44180-1 (eBook)
DOI 10.1007/978-3-319-44180-1

Die Deutsche Nationalbibliothek verzeichnet diese Publikation in der Deutschen Nationalbibliografie; detaillierte bibliografische Daten sind im Internet über http://dnb.d-nb.de abrufbar.

Birkhäuser
© Springer International Publishing Switzerland 2010, 2017

Gedruckt auf säurefreiem und chlorfrei gebleichtem Papier.

Birkhäuser is part of Springer Nature
Die eingetragene Gesellschaft ist Springer International Publishing AG Switzerland
www.birkhauser-science.com

Was die Rechtschreibung betrifft, so hat man sich deren bedient, welche jetzo für die beste gehalten wird.
(J.A. Hoffmann, 1735)

Vorwort

Diesem Buch liegt eine Vorlesung über mathematische Logik zugrunde, wie sie in Freiburg regelmäßig für Mathematik- und Informatikstudenten im vierten Semester gehalten wird. Sie bildet den Anfang eines mehrsemestrigen Logikzyklus und verfolgt einerseits das Ziel, jedem Studenten etwas über die grundlegenden Fundamente der Mathematik zu vermitteln. Andererseits zeigt die Vorlesung auch die verschiedenen weiterführenden und eigenständigen Bereiche der Logik auf, insbesondere Modelltheorie, Mengenlehre, Beweistheorie, Rekursionstheorie und theoretische Informatik.

Die Vorlesung hat vier Teile, deren erste beide darstellen, wie sich die Mathematik auf Prädikatenkalkül und Mengenlehre zurückführen läßt. Das erste Kapitel erklärt den Hilbertkalkül, der das formale Beweisen im Hilbertschen Sinne beschreibt. Dieser forderte nämlich, Beweise so zu führen, daß man anstelle von Punkten, Geraden und Ebenen auch Tische, Bänke und Bierseidel einsetzen können müsse, ohne daß die Gültigkeit des Beweises darunter litte. Aus dem Gödelschen Vollständigkeitssatz folgt, daß sich in diesem Kalkül tatsächlich alles, für das es keine Gegenbeispiele gibt, formal beweisen läßt. Damit schafft dieser Satz auch die Grundlagen für die Anfänge der künstlichen Intelligenz. Die Grenzen dieses formalen Beweisens aber werden in den Gödelschen Unvollständigkeitssätzen sichtbar, die am Ende dieses Buches stehen.

Als Vorbereitung auf die Modelltheorie und die theoretische Informatik gehen wir im ersten Kapitel auch auf die Herbrandschen Sätze ein, die eine Art Entscheidbarkeit für die Allgemeingültigkeit von Formeln beschreiben.

Das zweite Kapitel erklärt die Anfänge der axiomatischen Mengenlehre, weit genug, um zu sehen, auf welche Weise sich die gesamte Mathematik in der Mengenlehre entwickeln läßt. Insbesondere zeigen wir, wie sich die natürlichen Zahlen im Rahmen der axiomatischen Mengenlehre beschreiben und charakterisieren lassen. Mathematische Sätze beschreiben nun Eigenschaften des Mengenuniversums, mathematische Beweise sind damit Folgerungen aus den Axiomen der Mengenlehre nach den Schlußregeln des Prädikatenkalküls.

Das dritte Kapitel enthält eine Einführung in die Theorie der berechenbaren Funktionen anhand von sehr einfachen Computermodellen, den Registermaschinen. Diese Theorie ist für die theoretische Informatik wichtig, wird aber hier auch für den vierten Abschnitt verwendet, um den Gödelschen Unvollständigkeitssatz zu beweisen, der schon in einfachen Systemen der Arithmetik gilt.

Die Arithmetik, die Theorie der natürlichen Zahlen als Struktur mit Addition, Multiplikation und Nachfolgeroperation, steht im Zentrum des vierten Kapitels. Diese (vollständige) Theorie wird verglichen mit einem axiomatisierbaren Teil, der sogenannten Peanoarithmetik. Wir werden sehen, daß eine Theorie der natürlichen Zahlen nicht gleichzeitig vollständig und effektiv axiomatisierbar sein kann. In diesem Satz zeigt sich ein unvermeidbares Problem der mathematischen Grundlegung der Mathematik. In diesem letzten Kapitel laufen die Begriffe der vorigen drei Kapitel zusammen: Die Mengenlehre, die es uns erlaubt, die natürlichen Zahlen sauber zu definieren, die Modelltheorie und die Theorie der berechenbaren Funktionen.

Vorbild war das Buch *Mathematical Logic* von J. Shoenfield, [23], das wesentlich tiefer in Mengenlehre, Rekursionstheorie und Beweistheorie eindringt. Das läßt sich im Rahmen einer einsemestrigen Vorlesung nicht verwirklichen, doch sollte dieses Buch ausreichend Material liefern, um sich wenigstens ein erstes Bild dieses wichtigen Gebietes machen zu können.

Ich danke Katrin Tent für ihre unschätzbare Hilfe bei der Endfassung dieses Buches.

Anmerkung zur zweiten Auflage

An einigen Stellen wurde die Darstellung verbessert. Es gab eine Reihe von Fehlern, insbesondere in den Aufgaben, die korrigiert worden sind. Kapitel und Abschnitte wurden umbenannt in Teile und Kapitel. Ich danke den Lesern Hans Adler, Philipp Bamberger, Franz Baumdicker, Simon Börger, Juan-Diego Caycedo, Matthias Fetzer, Mohsen Khani, Heike Mildenberger, Aaron Puchert, Luca Motto Ros und Katrin Tent für ihre Hilfe.

Inhaltsverzeichnis

Teil I
Prädikatenkalkül

Aussagen des Prädikatenkalküls sind Zeichenreihen, die Eigenschaften von Strukturen beschreiben. Zum Beispiel gilt die Aussage

$$\varphi = \forall x \, (0 < x \rightarrow \exists y \, x \doteq y \cdot y)$$

in einem angeordneten Körper $\mathfrak{K} = (K, 0, 1, +, -, \cdot, <)$ genau dann, wenn jedes positive Element von K ein Quadrat ist.

Eine Theorie T ist eine Menge von Aussagen, den Axiomen von T. Daß φ aus T folgt, heißt, daß φ in allen Strukturen gilt, in denen alle Axiome von T gelten. Der Gödelsche Vollständigkeitssatz (siehe Kap. 4) besagt, daß φ genau dann aus T folgt, wenn sich φ aus endlich vielen Axiomen von T durch Anwendung der Regeln des Hilbertkalküls herleiten läßt. Wenn T leer ist, ergibt sich der Spezialfall, daß eine Aussage genau dann allgemeingültig ist, wenn sie im Hilbertkalkül beweisbar ist. Dies wird damit erkauft, daß Ausdruckstärke der Formeln des Prädikatenkalküls stark eingeschränkt ist. Es läßt sich zum Beispiel nicht mit einer Aussage ausdrücken, daß ein Körper die Charakteristik Null hat oder daß in einem angeordneten Körper jede nicht-leere beschränkte Menge ein Supremum hat. (Vergleiche dazu die Aufgaben 21, 22 und 75.)

Zum Beweis von Aussagen, die keine Funktionszeichen und Gleichheitszeichen enthalten, eignet sich der Sequenzenkalkül, den wir im Kap. 5 diskutieren, besser als der Hilbertkalkül. Er ist näher am natürlichen Schließen und hat die Eigenschaft, daß jede beweisbare Aussage φ einen Beweis hat, der nur Teilformeln von φ verwendet.

Wir werden später (Satz 18.4) sehen, daß sich nicht effektiv entscheiden läßt, ob eine gegebene Aussage φ beweisbar ist. Wenn φ aber beweisbar ist, läßt sich ein Beweis von φ effektiv finden. Man könnte zum Beispiel eine Liste aller möglichen Ableitungen im Hilbertkalkül durchgehen, solange, bis ein Beweis von φ auftaucht. Der Satz von Herbrand (Kap. 6) liefert ein besseres Verfahren: Man bildet aus φ eine Folge von immer schwächer werdenden quantorenfreien Aussagen $\varphi_0, \varphi_1, \ldots$, mit der Eigenschaft, daß φ ist genau dann beweisbar ist, wenn eines dieser φ_i beweisbar ist. Die Beweisbarkeit dieser quantorenfreien Aussagen läßt sich effektiv entscheiden. Im letzten Kapitel dieses Teils geben wir dafür einen vernünftigen Algorithmus an, die Resolutionsmethode.

Strukturen und Formeln

1

Eine *Struktur* ist eine nicht-leere Menge mit ausgezeichneten Elementen, Operationen und Relationen. Zum Beispiel

ein Ring	$(R, 0, 1, +, -, \cdot)$
eine Gruppe	$(G, e, \circ, ^{-1})$
die reellen Zahlen	$(\mathbb{R}, 0, 1, +, -, \cdot, <)$
die natürlichen Zahlen	$\mathfrak{N} = (\mathbb{N}, 0, S, +, \cdot, <)$
	(S ist die Nachfolgeroperation $x \mapsto x + 1$.)

In diesen Beispielen sind die Relationen zweistellig und die Operationen ein- oder zweistellig. Im Allgemeinen sind beliebige positive Stelligkeiten erlaubt. Nicht alle Gegenstände der Mathematik sind Strukturen. Zum Beispiel ist die Klasse aller Gruppen mit der Isomorphie als zweistelliger Relation keine Struktur, weil der Grundbereich – die Klasse aller Gruppen – zu groß ist. Eine topologischer Raum ist keine Struktur, auf ihm ist vielmehr eine Menge von (offenen) Teilmengen ausgezeichnet.

Werden wir etwas präziser:

Definition

Eine Struktur ist ein Paar $\mathfrak{A} = (A, J)$, wobei A eine nicht-leere Menge und J eine Familie von Elementen aus A, Operationen und Relationen auf A ist.

Die Struktur $\mathfrak{Q} = (\mathbb{Q}, 0, 1, +, -, \cdot)$ des Körpers der rationalen Zahlen müssen wir jetzt, streng genommen, schreiben als $(\mathbb{Q}, (Z_i)_{i<5})$, wobei $Z_0 = 0$, $Z_1 = 1$, $Z_2 = +$, $Z_3 = -$, $Z_4 = \cdot$. Damit die Frage „ist $(\mathbb{Q}, 0, 1, \cdot, -, +)$ ein Körper?" einen Sinn hat, muß man festlegen, welche Operation die Addition und welche die Multiplikation sein soll. Der Ausgangspunkt ist also eine *Sprache*:

© Springer International Publishing Switzerland 2017

M. Ziegler, *Mathematische Logik*, Mathematik Kompakt, DOI 10.1007/978-3-319-44180-1_1

Definition

Eine Sprache ist eine Menge von Konstantenzeichen[1], Funktionszeichen und Relationszeichen. Funktionszeichen und Relationszeichen haben eine (positive) *Stelligkeit*.

Gelegentlich nennt man Relationszeichen, aber auch Relationen, *Prädikate*.
Eine Liste von Beispielen:

$L_\emptyset = \emptyset$ Die leere Sprache.
$L_R = \{\underline{0}, \underline{1}, +, -, \cdot\}$ Die Ring-Sprache.
$L_G = \{\underline{e}, \circ, {}^{-1}\}$ Die Gruppen-Sprache.
$L_O = \{<\}$ Die Ordnungs-Sprache.
$L_{AK} = L_R \cup L_O$ Die Angeordnete-Körper-Sprache.
$L_N = \{\underline{0}, S, +, \cdot, <\}$ Die Sprache der natürlichen Zahlen.
$L_{Me} = \{\epsilon\}$ Die Mengenlehre-Sprache.

Dabei sind

Konstanten: $\underline{0}, \underline{1}, \underline{e}$
einstellige Funktionszeichen: $-, {}^{-1}, S$
zweistellige Funktionszeichen: $+, \cdot, \circ$
zweistellige Relationszeichen: $<, \epsilon$.

Definition

Sei L eine Sprache. Eine *L-Struktur* ist ein Paar

$$\mathfrak{A} = (A, (Z^{\mathfrak{A}})_{Z \in L}),$$

wobei

A eine nicht-leere Menge (die *Grundmenge* oder das *Universum* von $\mathfrak{A}$) ist,

$Z^{\mathfrak{A}} \in A$,   wenn Z eine Konstante ist,

$Z^{\mathfrak{A}} : A^n \longrightarrow A$, wenn Z ein n-stelliges Funktionszeichen ist, und

$Z^{\mathfrak{A}} \subset A^n$,   wenn Z ein n-stelliges Relationszeichen ist.

$Z^{\mathfrak{A}}$ ist also eine Interpretation der Zeichen von L in A.

Definition

Zwei L-Strukturen $\mathfrak{A}$ und $\mathfrak{B}$ heißen *isomorph*, $\mathfrak{A} \cong \mathfrak{B}$, wenn es einen *Isomorphismus* $F : \mathfrak{A} \longrightarrow \mathfrak{B}$ gibt, eine Bijektion $F : A \longrightarrow B$, die mit den Interpretationen der Zeichen aus L kommutiert:

---

[1] Konstantenzeichen nennen wir auch einfach *Konstanten*.

$$F(Z^{\mathfrak{A}}) = Z^{\mathfrak{B}} \qquad\qquad (Z \text{ eine Konstante aus } L)$$

$F(Z^{\mathfrak{A}}(a_1, \ldots, a_n)) = Z^{\mathfrak{B}}(F(a_1), \ldots, F(a_n))$ (Z ein n-stelliges Funktionszeichen aus $L, a_1, \ldots, a_n \in A$)

$Z^{\mathfrak{A}}(a_1, \ldots, a_n) \Leftrightarrow Z^{\mathfrak{B}}(F(a_1), \ldots, F(a_n))$ (Z ein n-stelliges Relationszeichen aus $L, a_1, \ldots, a_n \in A$)

Man sieht leicht, daß man die Bedingung für Funktionszeichen Z auch schreiben kann als

$$Z^{\mathfrak{A}}(a_1, \ldots, a_n) = a_0 \;\Leftrightarrow\; Z^{\mathfrak{B}}(F(a_1), \ldots, F(a_n)) = F(a_0).$$

Das Inverse eines Isomorphismus und die Verknüpfung von zwei Isomorphismen sind wieder Isomorphismen. Daraus folgt, daß $\cong$ eine Äquivalenzrelation ist.

Wir fixieren ein Folge von Variablen $v_0, v_1, \ldots$

Definition

Ein L-*Term* ist eine Zeichenfolge, die nach den folgenden Regeln gebildet ist:

T1 Jede Variable ist ein L-Term.

T2 Jede Konstante aus L ist ein L-Term.

T3 Wenn f ein n-stelliges Funktionszeichen aus L ist und wenn $t_1, \ldots, t_n$ L-Terme sind, dann ist auch $f t_1 \ldots t_n$ ein L-Term.

Um Terme besser lesbar zu machen, schreiben wir häufig $f(t_1, \ldots, t_n)$ statt $f t_1 \ldots t_n$. Wenn f einstellig ist, schreiben wir auch $t_1 f$, wenn f zweistellig ist, auch $t_1 f t_2$. Zum Beispiel steht $(x + y) \cdot (z + w)$ für $\cdot + x y + z w$ und $(x \circ y)^{-1}$ für $^{-1} \circ x y$.

Das folgende Lemma zeigt, weshalb wir auf Klammern verzichten können. Übrigens würde der Gebrauch von Klammern den Beweis nicht einfacher machen.

Lemma (Eindeutige Lesbarkeit von Termen) *Für jeden L-Term t tritt genau einer der folgenden drei Fälle ein:*

1. t ist eine Variable,

2. t ist eine Konstante,

3. $t = f t_1 \ldots t_n$, wobei f ein n-stelliges Funktionszeichen und $t_1, \ldots, t_n$ L-Terme sind.

Im letzten Fall sind f und $t_1, \ldots, t_n$ eindeutig bestimmt.

Beweis Daß genau einer der drei Fälle eintritt, ist klar. Zu zeigen ist die Eindeutigkeit der t_i. Wenn $t = e s_1 \ldots s_m$ für ein m-stelliges Funktionszeichen e und Terme s_i, gilt natürlich $e = f$ und $m = n$. Daß $s_i = t_i$, folgt aus dem nächsten Hilfssatz. □

Hilfssatz 1.1 *Kein L-Term ist echtes Anfangsstück eines anderen L-Terms.*

Beweis Sei s Anfangsstück von t. Wir zeigen $s = t$ durch Induktion über den Aufbau von t. Wenn t eine Variable oder eine Konstante ist, ist die Behauptung klar. Sonst ist $s = fs_1 \ldots s_n$ und $t = ft_1 \ldots t_n$ für ein n-stelliges Funktionszeichen f. Wenn $s \neq t$, gibt es einen kleinsten Index i mit $s_i \neq t_i$. Dann ist s_i echtes Anfangsstück von t_i, oder umgekehrt, was nach Induktionsvoraussetzung unmöglich ist.   □

L-Formeln sind Zeichenreihen, die aus den Zeichen aus L, den Klammern (und) als Hilfzeichen und den folgenden *logischen* Zeichen gebildet ist:

Variablen $v_0, v_1, \ldots$
Gleichheitszeichen $\doteq$
Junktoren $\neg$ (Negation), $\wedge$ (Konjunktion)
Existenzquantor $\exists$

Man liest $\doteq$ als „gleich", $\neg$ als „nicht", $\wedge$ als „und" und $\exists$ als „es gibt ein".

Definition
Die folgenden Ausdrücke sind L-Formeln:

> **F1** $t_1 \doteq t_2$,   wenn t_1, t_2 L-Terme sind,
> **F2** $Rt_1 \ldots, t_n$, wenn R ein n-stelliges Relationszeichen aus L und $t_1, \ldots, t_n$ L-Terme
>   sind,
> **F3** $\neg \psi$,   wenn ψ eine L-Formel ist,
> **F4** $(\psi_1 \wedge \psi_2)$, wenn ψ_1 und ψ_2 L-Formeln sind,
> **F5** $\exists x \, \psi$,   wenn ψ eine L-Formel und x eine Variable ist.

Jede L-Formel entsteht auf diese Weise.

Formeln der Form **F1** und **F2** heißen *Primformeln*[2]. Die Formeln, die beim Aufbau von φ vorkommen, nennt man die *Teilformeln* von φ.

Wir verwenden folgende Abkürzungen:

$$(\psi_1 \vee \psi_2) = \neg(\neg \psi_1 \wedge \neg \psi_2)$$
$$(\psi_1 \rightarrow \psi_2) = \neg(\psi_1 \wedge \neg \psi_2)$$
$$(\psi_1 \leftrightarrow \psi_2) = ((\psi_1 \rightarrow \psi_2) \wedge (\psi_2 \rightarrow \psi_1))$$
$$\forall x \, \psi = \neg \exists x \neg \psi$$

---

[2] Man nennt Primformeln auch *atomar*.

$$(\psi_0 \wedge \cdots \wedge \psi_n) = \underbrace{(\ldots(}_{n\text{-mal}} \psi_0 \wedge \psi_1) \wedge \ldots \psi_n)$$

$$(\psi_0 \vee \cdots \vee \psi_n) = \underbrace{(\ldots(}_{n\text{-mal}} \psi_0 \vee \psi_1) \vee \ldots \psi_n)$$

Die Disjunktion $\vee$ liest man als „oder", die Implikation $\rightarrow$ als „impliziert", die Äquivalenz $\leftrightarrow$ als „genau dann, wenn" und den Allquantor $\forall$ als „für alle".

Statt Rt_1t_2 schreiben wir auch $t_1 R t_2$, und statt $\exists x_1 \ldots \exists x_n$ schreiben wir $\exists x_1, \ldots, x_n$ (ebenso für $\forall$). Zur besseren Lesbarkeit der Formeln gebrauchen wir überflüssige Klammern. Wir lassen auch Klammern weg und lesen die Formeln gemäß der *Bindungsstärke* der logischen Zeichen:

Höchste Bindungsstärke: $\neg \ \exists \ \forall$

$\wedge$

$\vee$

Niedrigste Bindungsstärke: $\rightarrow \ \leftrightarrow$

Zum Beispiel steht $\neg \varphi \wedge \psi \rightarrow \chi$ für

$$((\neg \varphi \wedge \psi) \rightarrow \chi) = \neg((\neg \varphi \wedge \psi) \wedge \neg \chi).$$

Als Beispiel schreiben wir in L_R die Körperaxiome auf. Beachte, daß das erste Axiom zum Beispiel voll ausgeschrieben

$$\neg \exists v_0 \neg \neg \exists v_1 \neg + v_0 v_1 \doteq + v_1 v_0$$

ist. Die Zeichen x, y, z stehen für die Variablen v_0, v_1, v_2.

Die Körperaxiome
1. $\forall x, y \ \ x + y \doteq y + x$
2. $\forall x \ \ x + \underline{0} \doteq x$
3. $\forall x \ \ x + (-x) \doteq \underline{0}$
4. $\forall x, y, z \ \ (x + y) + z \doteq x + (y + z)$
5. $\forall x, y \ \ x \cdot y \doteq y \cdot x$
6. $\forall x \ \ x \cdot \underline{1} \doteq x$
7. $\forall x, y, z \ \ (x \cdot y) \cdot z \doteq x \cdot (y \cdot z)$
8. $\forall x, y, z \ \ x \cdot (y + z) \doteq (x \cdot y) + (x \cdot z)$
9. $\forall x \ \ (\neg x \doteq \underline{0} \rightarrow \exists y \ x \cdot y \doteq \underline{1})$
10. $\neg \underline{0} \doteq \underline{1}$

Die ersten acht Axiome drücken aus, daß ein Körper insbesondere ein kommutativer Ring mit Einselement ist. Die ersten vier Axiome sagen, daß einem Ring eine additiv geschriebene abelsche Gruppe zugrunde liegt.

Lemma 1.2 (Eindeutige Lesbarkeit von Formeln) *Für jede L-Formel φ tritt genau einer der folgenden Fälle ein.*

1. $\varphi = t_1 \doteq t_2$ *für L-Terme t_1, t_2*
2. $\varphi = Rt_1 \ldots t_n$ *für ein n-stelliges Relationszeichen R aus L und L-Terme $t_1, \ldots, t_n$*
3. $\varphi = \neg\,\psi$ *für eine L-Formel ψ*
4. $\varphi = (\psi_1 \wedge \psi_2)$ *für L-Formeln ψ_1 und ψ_2*
5. $\varphi = \exists x\,\psi$ *für eine L-Formel ψ und eine Variable x*

In jedem der Fälle sind die Terme t_i, das Relationszeichen R, die Formeln ψ, ψ_1, ψ_2 und die Variable x jeweils eindeutig bestimmt.

Beweis Daß genau einer der fünf Fälle auftritt, ist klar. Sie treten ein je nachdem, ob das erste Zeichen von φ eine Variable, Konstante oder Funktionszeichen ist (Fall 1) oder ein Relationszeichen (Fall 2) oder ein Negationszeichen (Fall 3) oder eine aufgehende Klammer (Fall 4) oder ein Existenzquantor (Fall 5). Wir müssen noch die Eindeutigkeit der Zerlegung in jedem Einzelfall zeigen:

Fall 1: Klar, weil in φ nur ein Gleichheitszeichen vorkommt.

Fall 2: R ist als das erste Zeichen von φ eindeutig bestimmt. Die Eindeutigkeit der t_i folgt aus dem Hilfssatz im Beweis der Eindeutigen Lesbarkeit von Termen.

Fall 3: Klar.

Fall 5: Klar.

Fall 4: Wenn $(\psi_1 \wedge \psi_2) = (\psi_1' \wedge \psi_2')$, ist ψ_1 Anfangsstück von ψ_1' oder umgekehrt. Aus dem nächsten Hilfssatz folgt $\psi_1 = \psi_1'$ und also auch $\psi_2 = \psi_2'$. □

Hilfssatz 1.3 *Keine L-Formel ist echtes Anfangsstück einer anderen L-Formel.*

Beweis φ und φ' seien L-Formeln und φ ein echtes Anfangsstück von φ'. Wir zeigen durch Induktion über den Aufbau von φ', daß das unmöglich ist. Es ist klar, daß für φ und φ' derselbe Fall auftritt. Wir gehen alle fünf Fälle durch: Wenn $\varphi = t_1 \doteq t_2$ und $\varphi' = t_1' \doteq t_2'$, ist t_2 ein echtes Anfangsstück von t_2', was nach dem Hilfssatz im Beweis der Eindeutigen Lesbarkeit von Termen nicht geht. Wenn $\varphi = Rt_1 \ldots t_n$ und $\varphi' = Rt_1' \ldots t_n'$, gibt es ein kleinstes i mit $t_i \neq t_i'$. Dann ist t_i ein echtes Anfangsstück von t_i' oder umgekehrt: unmöglich. Wenn $\varphi = \neg\,\psi$ und $\varphi' = \neg\,\psi'$, ist ψ echtes Anfangsstück von ψ', das ist unmöglich nach Induktionsannahme. $\varphi = \exists x\,\psi$ ist aus demselben Grund unmöglich. Wenn $\varphi = (\psi_1 \wedge \psi_2)$ und $\varphi' = (\psi_1' \wedge \psi_2')$, ist ψ_1 Anfangsstück von ψ_1' oder umgekehrt, woraus nach Induktionsannahme folgt, daß beide gleich sind. Also muß ψ_2 ein echtes Anfangsstück von ψ_2' sein. Das widerspricht der Induktionsannahme. □

Übungsaufgaben

1. Sei $\mathfrak{A}$ eine L-Struktur und B eine nicht-leere Teilmenge von A, die die Interpretationen $c^{\mathfrak{A}}$ aller Konstanten enthält und unter allen Operationen $f^{\mathfrak{A}}$ abgeschlossen ist. Wenn man die Interpretation der Zeichen aus L auf B einschränkt erhält man eine L-Struktur $\mathfrak{B}$. Man nennt $\mathfrak{B}$ eine *Unterstruktur* von $\mathfrak{A}$.

   Zeigen Sie, daß der Durchschnitt einer Familie von Unterstrukturen[3] von $\mathfrak{A}$ entweder leer ist oder wieder eine Unterstruktur. Daraus folgt, daß jede nicht-leere Teilmenge S von A in einer kleinsten Unterstruktur von $\mathfrak{A}$ enthalten ist, der *von S erzeugten* Unterstruktur.

2. Sei $\mathfrak{A}$ eine L-Struktur mit Grundmenge A. Ein *Automorphismus* ist ein Isomorphismus von $\mathfrak{A}$ mit sich selbst. Zeigen Sie: Wenn A endlich ist, gibt es auf der Grundmenge A genau

   Anzahl der Permutationen von A : Anzahl der Automorphismen von $\mathfrak{A}$

   viele L-Strukturen, die isomorph zu $\mathfrak{A}$ sind.

3. Zeigen Sie, daß sich jedes Endstück eines Terms eindeutig als eine Folge von Termen schreiben läßt.

---

[3] genauer gesagt, von Universen von Unterstrukturen

Semantik

Ein L-Term t hat erst dann einen Wert in einer L-Struktur, wenn man die Variablen von t mit Elementen von A belegt.

Definition

Sei $\mathfrak{A}$ eine L-Struktur. Eine *Belegung* ist eine Funktion

$$\beta : \{v_0, v_1 \ldots\} \longrightarrow A$$

von der Menge der Variablen in die Grundmenge von $\mathfrak{A}$.

Diese Belegung der Variablen läßt sich auf alle Terme fortsetzen. Die folgende rekursive Definition ist wegen der eindeutigen Lesbarkeit von Termen sinnvoll.

Definition

Für L-Terme t, L-Strukturen $\mathfrak{A}$ und Belegungen β definieren wir $t^{\mathfrak{A}}[\beta]$ durch

$$v_i^{\mathfrak{A}}[\beta] = \beta(v_i), \qquad \text{falls } t = v_i \tag{1}$$

$$c^{\mathfrak{A}}[\beta] = c^{\mathfrak{A}}, \qquad \text{falls } t = c \tag{2}$$

$$ft_1 \ldots t_n^{\mathfrak{A}}[\beta] = f^{\mathfrak{A}}(t_1^{\mathfrak{A}}[\beta], \ldots, t_n^{\mathfrak{A}}[\beta]), \qquad \text{falls } t = ft_1 \ldots t_n. \tag{3}$$

Sei $\mathfrak{Q}$ der Körper der rationalen Zahlen und $t = \cdot v_0 + v_1 v_2$. Wenn $\beta(v_i) = i + 2$, ist $t^{\mathfrak{Q}}[\beta] = 2(3 + 4) = 14$.

Das folgende Lemma ist klar.

Lemma *Wenn die Belegungen β und γ auf den Variablen, die in t vorkommen, übereinstimmen, ist $t^{\mathfrak{A}}[\beta] = t^{\mathfrak{A}}[\gamma]$.* □

© Springer International Publishing Switzerland 2017

M. Ziegler, *Mathematische Logik*, Mathematik Kompakt, DOI 10.1007/978-3-319-44180-1_2

Wenn wir einen Term in der Form $t(x_1, \ldots, x_n)$ schreiben, meinen wir:

1. daß die x_i paarweise verschiedene Variablen sind,
2. daß in t nur Variablen aus $\{x_1, \ldots, x_n\}$ vorkommen.

Wenn dann $a_1, \ldots, a_n$ Elemente der Struktur $\mathfrak{A}$ sind, ist wegen des Lemmas $t^{\mathfrak{A}}[a_1, \ldots, a_n]$ durch $t^{\mathfrak{A}}[\beta]$ für eine Belegung β mit $\beta(x_i) = a_i$ wohldefiniert.

Die folgende rekursive Definition der Semantik ist wiederum wegen der Eindeutigen Lesbarkeit von Formeln sinnvoll (siehe Kap. 1).

Definition

Sei $\mathfrak{A}$ eine L-Struktur. Wir definieren für Belegungen β und L-Formeln φ die Relation

$$\mathfrak{A} \models \varphi[\beta]$$

– φ *trifft in $\mathfrak{A}$ auf β zu*– durch Rekursion über den Aufbau von φ:

$$\mathfrak{A} \models t_1 \doteq t_2 \,[\beta] \Leftrightarrow t_1^{\mathfrak{A}}[\beta] = t_2^{\mathfrak{A}}[\beta] \tag{1}$$

$$\mathfrak{A} \models R t_1 \ldots t_n \,[\beta] \Leftrightarrow R^{\mathfrak{A}}(t_1^{\mathfrak{A}}[\beta], \ldots, t_n^{\mathfrak{A}}[\beta]) \tag{2}$$

$$\mathfrak{A} \models \neg \psi \,[\beta] \Leftrightarrow \mathfrak{A} \not\models \psi \,[\beta] \tag{3}$$

$$\mathfrak{A} \models (\psi_1 \wedge \psi_2) \,[\beta] \Leftrightarrow \mathfrak{A} \models \psi_1 \,[\beta] \text{ und } \mathfrak{A} \models \psi_2 \,[\beta] \tag{4}$$

$$\mathfrak{A} \models \exists x \psi \,[\beta] \Leftrightarrow \text{ es gibt ein } a \in A \text{ mit } \mathfrak{A} \models \psi \,[\beta \tfrac{a}{x}]. \tag{5}$$

Dabei ist $\beta \tfrac{a}{x}(y) = \begin{cases} \beta(y), & \text{wenn } y \neq x \\ a, & \text{wenn } y = x. \end{cases}$

Es ist klar, daß unsere Abkürzungen die intendierte Interpretation haben. Also, daß z. B.

$$\mathfrak{A} \models (\psi_1 \to \psi_2)[\beta] \iff \text{ wenn } \mathfrak{A} \models \psi_1[\beta], \text{ dann } \mathfrak{A} \models \psi_2[\beta].$$

Ob φ in $\mathfrak{A}$ auf β zutrifft, hängt nur von den freien Variablen von φ ab:

Definition

Die Variable x kommt *frei* in der Formel φ vor, wenn sie an einer Stelle vorkommt, die nicht im Wirkungsbereich eines Quantors $\exists x$ liegt. Präzise definiert durch Rekursion nach dem Aufbau von φ bedeutet das:

$$x \text{ frei in } t_1 \doteq t_2 \Leftrightarrow x \text{ kommt in } t_1 \text{ oder in } t_2 \text{ vor.} \tag{1}$$

$$x \text{ frei in } R t_1 \ldots t_n \Leftrightarrow x \text{ kommt in einem der } t_i \text{ vor.} \tag{2}$$

$$x \text{ frei in } \neg \psi \Leftrightarrow x \text{ frei in } \psi \tag{3}$$

$$x \text{ frei in } (\psi_1 \wedge \psi_2) \Leftrightarrow x \text{ frei in } \psi_1 \text{ oder } x \text{ frei in } \psi_2 \tag{4}$$

$$x \text{ frei in } \exists y \, \psi \Leftrightarrow x \neq y \text{ und } x \text{ frei in } \psi \tag{5}$$

Zum Beispiel kommt in $\forall v_0(\exists v_1 R(v_0, v_1) \wedge P(v_1))$ die Variable v_0 nicht frei vor. Die Variable v_1 kommt gebunden und frei vor.

Satz 2.1 (Koinzidenzsatz) *Wenn β und γ an allen Variablen, die frei in φ vorkommen, übereinstimmen, ist*

$$\mathfrak{A} \vDash \varphi[\beta] \Leftrightarrow \mathfrak{A} \vDash \varphi[\gamma].$$

Beweis Wir führen den Beweis durch Induktion über den Aufbau von φ: Wenn φ eine Primformel ist, folgt die Behauptung aus dem letzten Lemma. Wenn φ eine Negation oder eine Konjunktion ist, ist der Induktionsschritt einfach. Sei also $\varphi = \exists x \psi$. Wenn $\mathfrak{A} \vDash \varphi[\beta]$, gibt es ein a mit $\mathfrak{A} \vDash \psi[\beta\frac{a}{x}]$. Abgesehen von x hat ψ die gleichen freien Variablen wie φ. Also ist nach Induktionsvoraussetzung $\mathfrak{A} \vDash \psi[\gamma\frac{a}{x}]$. Daraus folgt $\mathfrak{A} \vDash \varphi[\gamma]$. □

Wenn wir eine Formel in der Form $\varphi(x_1, \ldots, x_n)$ schreiben, meinen wir:

1. daß die x_i paarweise verschiedene Variablen sind,
2. daß in φ nur Variablen aus $\{x_1, \ldots, x_n\}$ frei vorkommen.

Wenn $a_1, \ldots, a_n$ Elemente der Struktur $\mathfrak{A}$ sind, ist wegen Satz 2.1 $\mathfrak{A} \vDash \varphi[a_1, \ldots, a_n]$ durch $\mathfrak{A} \vDash \varphi[\beta]$ für eine Belegung β mit $\beta(x_i) = a_i$ wohldefiniert. Auf diese Weise definiert $\varphi(x_1, \ldots, x_n)$ eine n-stellige Relation

$$\{(a_1, \ldots, a_n) \mid \mathfrak{A} \vDash \varphi[a_1, \ldots, a_n]\}.$$

Eine Menge der Form $\{a_1 \mid \mathfrak{A} \vDash \varphi[a_1, \ldots, a_n]\}$ für feste $a_2, \ldots, a_n$ heißt *mit Parametern definierbar*.

Definition

Eine *Aussage* φ ist eine Formel ohne freie Variable. Wir schreiben $\mathfrak{A} \vDash \varphi$, wenn $\mathfrak{A} \vDash \varphi[\beta]$ für ein (alle) β und benutzen die folgenden Sprechweisen:

- φ gilt in $\mathfrak{A}$.
- φ ist wahr in $\mathfrak{A}$.
- $\mathfrak{A}$ ist Modell von φ.
- $\mathfrak{A}$ erfüllt φ.

Beispiel

Eine L_R-Struktur $\mathfrak{K} = (K, 0, 1, +, -, \cdot)$ ist genau dann ein Körper, wenn in $\mathfrak{K}$ die Körperaxiome (Kap. 1) gelten.

Zwei L-Strukturen $\mathfrak{A}$ und $\mathfrak{B}$ heißen *elementar äquivalent*, $\mathfrak{A} \equiv \mathfrak{B}$, wenn in ihnen die gleichen Aussagen gelten.

Sei x eine Variable und s ein Term.

- $t\frac{s}{x}$ entsteht aus t durch Ersetzen aller Vorkommen von x durch s.
- $\varphi\frac{s}{x}$ entsteht aus φ durch Ersetzen aller freien Vorkommen von x durch s.

Man sieht leicht, daß $t\frac{s}{x}$ wieder ein Term und $\varphi\frac{s}{x}$ eine Formel ist.

Die rekursive Definition von $\varphi\frac{s}{x}$ ist

$$(t_1 \doteq t_2)\frac{s}{x} = t_1\frac{s}{x} \doteq t_2\frac{s}{x} \tag{1}$$

$$(Rt_1 \ldots t_n)\frac{s}{x} = Rt_1\frac{s}{x} \ldots t_n\frac{s}{x} \tag{2}$$

$$(\neg\,\psi)\frac{s}{x} = \neg\left(\psi\frac{s}{x}\right) \tag{3}$$

$$(\psi_1 \wedge \psi_2)\frac{s}{x} = \left(\psi_1\frac{s}{x} \wedge \psi_2\frac{s}{x}\right) \tag{4}$$

$$(\exists y\,\psi)\frac{s}{x} = \exists y\left(\psi\frac{s}{x}\right), \text{ wenn } x \neq y \tag{5}$$

$$= \exists y\,\psi, \text{ wenn } x = y.$$

Definition

x ist *frei für s in φ*, falls in $\varphi\frac{s}{x}$ (also nach dem Einsetzen von s in die freien Vorkommen von x) keine Variable in den eingesetzten Termen s gebunden ist.

Rekursive Definition: x ist frei für s in φ, wenn x nicht frei in φ ist **oder** wenn x frei in φ ist und einer der folgenden Fälle zutrifft

$$\varphi = t_1 \doteq t_n, \tag{1}$$

$$\varphi = Rt_1 \ldots t_n, \tag{2}$$

$$\varphi = \neg\,\psi \text{ und } x \text{ frei für } s \text{ in } \psi, \tag{3}$$

$$\varphi = (\psi_1 \wedge \psi_2) \text{ und } x \text{ frei für } s \text{ in } \psi_1 \text{ und } \psi_2, \tag{4}$$

$$\varphi = \exists y\,\psi, \ x \text{ frei für } s \text{ in } \psi \text{ und } y \text{ kommt nicht in } s \text{ vor.} \tag{5}$$

Lemma 2.2 (Substitutionslemma) *Sei x eine Variable, s ein Term und β eine Belegung mit Werten in der Struktur $\mathfrak{A}$.*

1. Für jeden Term t ist

$$\left(t\frac{s}{x}\right)^{\mathfrak{A}}[\beta] = t^{\mathfrak{A}}\left[\beta\frac{s^{\mathfrak{A}}[\beta]}{x}\right].$$

2. *Für jede Formel φ ist*

$$\mathfrak{A} \models \varphi \frac{s}{x}[\beta] \iff \mathfrak{A} \models \varphi\left[\beta \frac{s^{\mathfrak{A}}[\beta]}{x}\right],$$

falls x frei für s in φ.

Beweis 1. Induktion über den Aufbau von t: Wenn $t = x$, sind beide Seiten der behaupteten Gleichung gleich $s^{\mathfrak{A}}[\beta]$. Wenn t eine Variable verschieden von x ist, sind beide Seiten gleich $\beta(t)$. Wenn t eine Konstante ist, steht $t^{\mathfrak{A}}$ links und rechts. Wenn t ein zusammengesetzter Term $f t_1 \dots t_n$ ist, schließen wir induktiv:

$$\left(t\frac{s}{x}\right)^{\mathfrak{A}}[\beta] = f^{\mathfrak{A}}\left(\left(t_1\frac{s}{x}\right)^{\mathfrak{A}}[\beta]\dots\right) = f^{\mathfrak{A}}\left(t_1^{\mathfrak{A}}\left[\beta\frac{s^{\mathfrak{A}}[\beta]}{x}\right]\dots\right) = t^{\mathfrak{A}}\left[\beta\frac{s^{\mathfrak{A}}[\beta]}{x}\right].$$

2. Wenn x nicht frei in φ vorkommt, ist $\varphi\frac{s}{x} = \varphi$, und die Behauptung folgt aus Satz 2.1. Wir nehmen also an, daß x frei in φ vorkommt und schließen durch Induktion über den Aufbau von φ: Wenn φ eine Primformel ist, folgt die Behauptung aus dem ersten Teil. Wenn φ eine Negation oder eine Konjunktion ist, ist der Induktionsschritt trivial. Sei schließlich $\varphi = \exists y \psi$. Dann ist y verschieden von x und kommt, weil x frei für s in φ ist, in s nicht vor. Für $b = s^{\mathfrak{A}}[\beta]$ haben wir dann

$$\mathfrak{A} \models \varphi\frac{s}{x}[\beta] \iff \mathfrak{A} \models \psi\frac{s}{x}\left[\beta\frac{a}{y}\right] \qquad \text{für ein } a$$

$$\iff \mathfrak{A} \models \psi\left[\beta\frac{a}{y}\frac{s^{\mathfrak{A}}[\beta\frac{a}{y}]}{x}\right] \qquad \text{für ein } a \text{ (Induktionsvoraussetzung)}$$

$$\iff \mathfrak{A} \models \psi\left[\beta\frac{a}{y}\frac{b}{x}\right] \qquad \text{für ein } a \text{ (weil } b = s^{\mathfrak{A}}[\beta\frac{a}{y}])$$

$$\iff \mathfrak{A} \models \psi\left[\beta\frac{b}{x}\frac{a}{y}\right] \qquad \text{für ein } a \text{ (weil } x \neq y)$$

$$\iff \mathfrak{A} \models \varphi\left[\beta\frac{b}{x}\right]. \qquad \qquad \square$$

Sei $t = t(x_1, \dots, x_n)$, $\varphi = \varphi(x_1, \dots, x_n)$ und $s = s(x_1, \dots, x_n)$. Dann kann man das Substitutionslemma schreiben als

$$t(s, x_2, \dots, x_n)^{\mathfrak{A}}[a_1, \dots, a_n] = t^{\mathfrak{A}}[s^{\mathfrak{A}}[a_1, \dots, a_n], a_2, \dots, a_n]$$

und

$$\mathfrak{A} \models \varphi(s, x_2, \dots, x_n)[a_1, \dots, a_n] \iff \mathfrak{A} \models \varphi[s^{\mathfrak{A}}[a_1, \dots, a_n], a_2, \dots, a_n].$$

Sei L_G die in Kap. 1 definierte Gruppensprache. Betrachte die Formel $\varphi(x) = \forall y \; y \circ y \doteq x$ und den Term $s = y$. Sei $\mathfrak{A}$ eine L_G-Struktur und β irgendeine Belegung. Dann bedeutet $\mathfrak{A} \vDash \varphi \frac{s}{x}[\beta]$, daß alle Elemente von $\mathfrak{A}$ idempotent sind. $\mathfrak{A} \vDash \varphi[\beta \frac{s^{\mathfrak{A}}[\beta]}{x}]$ bedeutet, daß alle Quadrate gleich $\beta(y)$ sind. Auf die Voraussetzung, daß x frei für s in φ ist, kann man also im Substitutionslemma nicht verzichten.

Übungsaufgaben

4. Sei $\mathfrak{A}$ eine Unterstruktur und $s_0, \ldots, s_n \in A$. Zeigen Sie: die von $\{s_0, \ldots, s_n\}$ erzeugte Unterstruktur besteht gerade aus allen $t^{\mathfrak{A}}[s_0, \ldots, s_n]$ für L-Terme $t(x_0, \ldots, x_n)$.
5. Man zeige, daß es zu jedem Term $t(x_1, \ldots, x_n)$ der Ring-Sprache L_R ein eindeutig bestimmtes Polynom $p(X_1, \ldots, X_n) \in \mathbb{Z}[X_1, \ldots, X_n]$ gibt, sodaß

$$t^R[a_1, \ldots, a_n] = p(a_1, \ldots, a_n)$$

   für alle kommutativen Ringe $R = (R, 0, 1, +, -, \cdot)$ und $a_1, \ldots, a_n \in R$.
6. Beweisen Sie: Isomorphe Strukturen sind elementar äquivalent.
   Hinweis: Das ist eigentlich klar, weil L-Aussagen intrinsische Eigenschaften von L-Strukturen ausdrücken. Wenn man es beweisen will, muß man so vorgehen. Wir fixieren einen Isomorphismus $F \colon \mathfrak{A} \to \mathfrak{B}$ und zeigen für alle Belegungen β, Terme t und Formeln φ:
   1. $f(t^{\mathfrak{A}}[\beta]) = t^{\mathfrak{B}}[f \circ \beta]$
   2. $\mathfrak{A} \vDash \varphi[\beta] \iff \mathfrak{B} \vDash \varphi[f \circ \beta]$
   jeweils durch Induktion über den Aufbau von t bzw. φ.
7. Sei $\mathfrak{R}$ der angeordnete Körper der reellen Zahlen und $f \colon \mathbb{R} \to \mathbb{R}$ eine Funktion mit $f(0) = 0$. Betrachte die $L_{AK} \cup \{\bar{f}\}$ Struktur $(\mathfrak{R}, f)$. Sei $(\mathfrak{R}, f^*)$ zu $(\mathfrak{R}, f)$ elementar äquivalent und nicht *archimedisch*, das heißt, daß es in $\mathfrak{R}$ Elemente gibt, die größer sind als jede natürliche Zahl. (Die Existenz eines solchen $(\mathfrak{R}, f^*)$ folgt aus dem Kompaktheitssatz, siehe Aufgabe 22.) Ein Element ϵ aus $\mathbb{R}^*$ heißt infinitesimal, wenn $-\frac{1}{n} < \epsilon < \frac{1}{n}$ für alle positiven natürlichen Zahlen n.
   Zeigen Sie: f ist genau dann stetig bei 0, wenn f^* Infinitesimale in Infinitesimale abbildet.

Allgemeingültige Formeln

3

Eine L-Formel φ heißt *allgemeingültig*, wenn sie für alle[1] Belegungen β in allen L-Strukturen gilt. Wir schreiben dafür

$$\models \varphi.$$

$\varphi(x_1, \ldots, x_n)$ ist genau dann allgemeingültig, wenn die Aussage

$$\forall x_1, \ldots, x_n \, \varphi(x_1, \ldots, x_n)$$

allgemeingültig ist.

Beispiel

$$\exists x (H(x) \rightarrow \forall y H(y))$$

ist allgemeingültig. Anders ausgedrückt:

> *In jeder Menschenmenge gibt es einen, wenn der einen Hut trägt, dann auch alle anderen.*
> (Krivine[2])

(Der Nachweis sei dem dem Leser als Übungsaufgabe überlassen.)

Lemma *Sei φ eine L-Formel und K eine Erweiterung von L. Dann ist φ als L-Formel genau dann allgemeingültig, wenn φ als K-Formel allgemeingültig ist.*

---

[1] Weil das leere Universum nicht zugelassen ist, besitzt jede Struktur eine Belegung.
[2] Jean-Louis Krivine (1939–) Paris. Mathematische Logik

© Springer International Publishing Switzerland 2017
M. Ziegler, *Mathematische Logik*, Mathematik Kompakt, DOI 10.1007/978-3-319-44180-1_3

Beweis Wir können annehmen, daß φ eine Aussage ist. Wenn $\mathfrak{A} = (A, (Z^{\mathfrak{A}})_{Z \in K})$ eine *K*-Struktur ist, in der φ falsch ist, ist φ auch falsch in der *Einschränkung* $\mathfrak{A} \upharpoonright L = (A, (Z^{\mathfrak{A}})_{Z \in L})$ auf *L*. Wenn φ in der *L*-Struktur $\mathfrak{B}$ falsch ist, wählen wir eine *Expansion* von $\mathfrak{B}$ zu einer *K*-Struktur $\mathfrak{A}$, für die also $\mathfrak{A} \upharpoonright L = \mathfrak{B}$. (Das ist möglich, weil *B* nicht leer ist.) Dann ist φ auch in $\mathfrak{A}$ falsch. □

Formeln wie zum Beispiel $(\varphi \lor \neg \varphi)$ oder $(\varphi \land (\varphi \to \psi)) \to \psi$ sind allgemeingültig, weil sie in einer Struktur immer wahr sind, welchen Wahrheitswert die Teilformeln φ und ψ auch haben. Formeln dieser Art heißen Tautologien. Um zu einer präzisen Definition zu kommen, führen wir *Aussagenlogik* ein. Aussagenlogische Formeln bauen sich aus Aussagenvariablen (aus einem Vorrat *M* von Aussagenvariablen) mit $\neg$ und $\land$ auf. $\lor, \to$ und $\leftrightarrow$ werden wie früher als Abkürzungen verstanden. Eine *Belegung* ist eine Abbildung $\mu : M \longrightarrow \{\mathbf{W}, \mathbf{F}\}$ in die Menge der Wahrheitswerte. Wir setzen μ auf die Menge aller Formeln gemäß $\mu(\neg f) = \neg (\mu(f))$ und $\mu(f \land g) = \mu(f) \land \mu(g)$ fort, wobei $\neg$ und $\land$ auf der Menge der Wahrheitswerte durch die Wahrheitstafeln

$\land$	**W**	**F**
W	**W**	**F**
F	**F**	**F**

$\neg$	
W	**F**
F	**W**

und

definiert sind. Eine aussagenlogische Formel, die bei allen Belegungen den Wahrheitswert **W** bekommt, heißt allgemeingültig. Zum Beispiel sind für Variablen *p* und *q* die Formeln $(p \lor \neg p)$ und $(p \land (p \to q) \to q)$ allgemeingültig.

Wenn wir die Variablen p_i einer aussagenlogischen Formel $f = f(p_1 \ldots, p_n)$ durch *L*-Formeln φ_i ersetzen, erhalten wir eine *L*-Formel $f(\varphi_1, \ldots, \varphi_n)$.

Definition

Eine *Tautologie* entsteht aus einer allgemeingültigen aussagenlogischen Formel durch Ersetzen der Variablen durch *L*-Formeln.

Tautologien sind zum Beispiel $\varphi \lor \neg \varphi$ und $(\varphi \land (\varphi \to \psi)) \to \psi$.

Lemma (Tautologien) *Tautologien sind allgemeingültig.*

Beweis Wenn man *L*-Formeln φ_i in eine aussagenlogische Formel $f = f(p_1, \ldots, p_n)$ einsetzt, ergibt sich für alle Belegungen β:

$$\mathfrak{A} \models f(\varphi_1, \ldots, \varphi_n)[\beta] \Longleftrightarrow \mu(f) = \mathbf{W},$$

wobei $\mu(p_i) = \mathbf{W} \Leftrightarrow \mathfrak{A} \models \varphi_i[\beta]$. Das beweist man leicht durch Induktion über den Aufbau von *f*. □

Lemma (Axiome der Gleichheit) *Die folgenden L-Aussagen sind allgemeingültig.*

$$\forall x \ \ x \doteq x \tag{Reflexivität}$$

$$\forall x, y \ \ (x \doteq y \rightarrow y \doteq x) \tag{Symmetrie}$$

$$\forall x, y, z \ \ (x \doteq y \wedge y \doteq z \rightarrow x \doteq z) \tag{Transitivität}$$

$$\forall x_1, \ldots, x_n, y_1, \ldots y_n \ \ (x_1 \doteq y_1 \wedge \ldots \wedge x_n \doteq y_n \tag{Kongruenz 1}$$
$$\rightarrow f x_1 \ldots x_n \doteq f y_1 \ldots y_n)$$

$$\forall x_1, \ldots, x_n, y_1, \ldots y_n \ \ (x_1 \doteq y_1 \wedge \ldots \wedge x_n \doteq y_n \tag{Kongruenz 2}$$
$$\rightarrow (R x_1 \ldots x_n \leftrightarrow R y_1 \ldots y_n))$$

Dabei sind die f n-stellige Funktionszeichen und die R n-stellige Relationszeichen aus L.

Beweis Klar.   □

Die Gleichheitsaxiome drücken aus, daß $=$ eine *Kongruenzrelation*[3] ist.

Lemma (∃-Quantorenaxiome) *Sei φ eine L-Formel, t ein L-Term und x frei für t in φ. Dann ist*

$$\varphi \frac{t}{x} \longrightarrow \exists x \varphi$$

allgemeingültig.

Beweis Sei β eine Belegung mit Werten in $\mathfrak{A}$. Dann folgt aus dem Substitutionslemma (vgl. Kap. 2).

$$\mathfrak{A} \vDash \varphi \frac{t}{x}[\beta] \Longrightarrow \mathfrak{A} \vDash \varphi \left[\beta \frac{t^{\mathfrak{A}}[\beta]}{x} \right] \Longrightarrow \mathfrak{A} \vDash \exists x \varphi[\beta]. \qquad \square$$

Daß es notwendig ist, x frei für t in φ vorauszusetzen, zeigt folgendes Beispiel: Sei $\varphi = \forall y \ y \doteq x$ und $t = y$. Die Aussage $\forall y \ y \doteq y \rightarrow \exists x \forall y \ x \doteq y$ ist nicht allgemeingültig.

Das folgende Lemma ist klar:

Lemma (Modus Ponens) *Wenn φ und $(\varphi \rightarrow \psi)$ allgemeingültig sind, dann auch ψ.*
                                                                                        □

---

[3] Eine Kongruenzrelation E auf $\mathfrak{A}$ ist eine Äquivalenzrelation, für die $a_1 E b_1, \ldots, a_n E b_n$ impliziert, daß $f^{\mathfrak{A}}(a_1 \ldots a_n) E f^{\mathfrak{A}}(b_1, \ldots, b_n)$, $R^{\mathfrak{A}}(a_1, \ldots, a_n) \Leftrightarrow R^{\mathfrak{A}}(b_1, \ldots, b_n)$.

Lemma (∃-**Einführung**) *Wenn x nicht frei in ψ vorkommt, dann ist mit $\varphi \to \psi$ auch $\exists x \varphi \to \psi$ allgemeingültig.*[4]

Beweis Wenn $\mathfrak{A} \vDash \exists x \varphi[\beta]$, gibt es ein $a \in A$ mit $\mathfrak{A} \vDash \varphi[\beta \frac{a}{x}]$. Ist $\varphi \to \psi$ allgemeingültig, so gilt auch $\mathfrak{A} \vDash \psi[\beta \frac{a}{x}]$. Aus Satz 2.1 (Koinzidenzsatz) folgt dann $\mathfrak{A} \vDash \psi[\beta]$. □

Übungsaufgaben zur Aussagenlogik

8. Eine *Boolesche*[5] *Algebra* $(B, 0, 1, \sqcap, \sqcup, {}^c)$ ist eine Menge B mit zwei ausgezeichneten Elementen 0 und 1 und Operationen $\sqcap, \sqcup : B^2 \to B$ und ${}^c : B \to B$, für die die folgenden Gleichungen gelten:

Idempotenz	$a \sqcap a = a$	$a \sqcup a = a$
Kommutativität	$a \sqcap b = b \sqcap a$	$a \sqcup b = b \sqcup a$
Assoziativität	$(a \sqcap b) \sqcap c = a \sqcap (b \sqcap c)$	$(a \sqcup b) \sqcup c = a \sqcup (b \sqcup c)$
Absorption	$a \sqcap (a \sqcup b) = a$	$a \sqcup (a \sqcap b) = a$
Distributivität	$a \sqcap (b \sqcup c) = (a \sqcap b) \sqcup (a \sqcap c)$	$a \sqcup (b \sqcap c) = (a \sqcup b) \sqcap (a \sqcup c)$
Null und Eins	$0 \sqcap a = 0$	$1 \sqcup a = 1$
Komplement	$a \sqcap a^c = 0$	$a \sqcup a^c = 1$

Die Potenzmenge $\mathfrak{P}(X)$ einer Menge X wird eine Boolesche Algebra, wenn man für 0 die leere Menge, für 1 die Menge X, für $\sqcap$ und $\sqcup$ Durchschnitt und Vereinigung und für ^{c} das Komplement in X nimmt. Der Stonesche Darstellungssatz (siehe [18]) besagt, daß jede Boolesche Algebra isomorph zu einer Unteralgebra einer Potenzmengenalgebra ist.
Zeigen Sie, daß man in der Definition einer Booleschen Algebra auf eine der beiden Distributivitätsregeln verzichten kann.

9. In Booleschen Algebren gelten die *de Morganschen*[6] *Regeln:*

$$(a \sqcap b)^c = a^c \sqcup b^c$$
$$(a \sqcup b)^c = a^c \sqcap b^c$$
$$(a^c)^c = a$$

10. Wir nennen zwei aussagenlogische Formeln *äquivalent,* wenn sie bei allen Belegungen der Variablen den gleichen Wahrheitswert haben. Sei M eine nicht-leere Menge von Variablen und $\mathcal{L}(M)$ die Menge der Äquivalenzklassen von aussagenlogischen Formeln in Variablen aus M. Zeigen Sie, daß $\mathcal{L}(M)$ eine Boolesche Algebra ist, wenn man für 0 die Äquivalenzklasse einer Formel nimmt, die bei allen Belegungen den Wahrheitswert $\mathbf{F}$ hat, zum Beispiel $(p \land \neg\, p)$, für 1 die Äquivalenzklasse einer allgemeingültigen Formel, für $\sqcap$ und $\sqcup$ Konjunktion und Disjunktion und für ^{c} die Negation.

---

[4] Man spricht von *Existenzeinführung*.
[5] George Boole (1815–1864) Cork (Irland). Mathematische Logik
[6] Augustus de Morgan (1806–1871) London. Algebra, Analysis, Mathematische Logik

Hinweis: Sei $\mathcal{B}$ die Menge aller Belegungen $\mu\colon M \to \{\mathbf{W}, \mathbf{F}\}$. Dann induziert die Abbildung $f \mapsto \{\mu \in \mathcal{B} \mid \mu(f) = \mathbf{W}\}$ einen Isomorphismus von $\mathcal{L}(M)$ mit einer Unteralgebra von $\mathfrak{P}(\mathcal{B})$.

11. Zeigen Sie, daß jede aussagenlogische Formel äquivalent ist zu einer Formel in *disjunktiver Normalform*

$$\bigvee_{i=1}^{N} k_i,$$

wobei die k_i Konjunktionen von Variablen und negierten Variablen sind. Dual dazu ist jede Formel auch äquivalent zu einer *konjunktiven* Normalform

$$\bigwedge_{i=1}^{N} d_i,$$

wobei die d_i Disjunktionen von (negierten) Variablen sind.

Hinweis: Verwenden Sie das Distributivgesetz und die de Morganschen Regeln

12. Zeigen Sie, daß $\{\wedge, \neg\}$ ein *vollständiges Junktorensystem* ist. Das heißt, daß sich jede Funktion $\mathcal{F}\colon \{\mathbf{W}, \mathbf{F}\}^n \to \{\mathbf{W}, \mathbf{F}\}$ durch eine aussagenlogische Formel $f(p_1, \ldots, p_n)$ darstellen läßt, also daß

$$\mathcal{F}(\mu(p_1), \ldots, \mu(p_n)) = \mu(f)$$

für alle Belegungen $\mu\colon \{p_1, \ldots, p_n\} \to \{\mathbf{W}, \mathbf{F}\}$.

13. Zeigen Sie, daß der *Sheffersche*[7] *Strich*

$$(f \mid g) = \neg(f \wedge g)$$

ein vollständiges Junktorensystem bildet.

---

[7] Henry M. Sheffer (1882–1964) Harvard. Mathematische Logik

Der Gödelsche Vollständigkeitssatz

4

Definition (Der Hilbertkalkül[1])

L sei eine Sprache. Eine L-Formel ist *beweisbar*, wenn sie

B1 eine Tautologie ist,

B2 ein Gleichheitsaxiom ist,

B3 ein $\exists$-Quantorenaxiom ist,

B4 sich mit Hilfe der Modus Ponens Regel aus zwei beweisbaren L-Formeln ergibt,

B5 oder wenn sie sich mit der Regel der $\exists$-Einführung aus einer beweisbaren L-Formel ergibt.

Wir schreiben:

$$\vdash_L \varphi$$

Das Ziel dieses Kapitels ist es, den Gödelschen[2] Vollständigkeitssatz zu beweisen.

Satz (Vollständigkeitssatz, [10]) *Ein Formel ist genau dann allgemeingültig, wenn sie beweisbar ist:*

$$\vDash \varphi \iff \vdash_L \varphi$$

Es folgt, daß $\vdash_L \varphi$ von der Sprachumgebung unabhängig ist (vgl. das Lemma zum Beginn von Kap. 3). Wir verwenden darum später die Notation

$$\vdash \varphi.$$

---

[1] David Hilbert (1862–1943) Göttingen. Algebraische Geometrie, Zahlentheorie, Funktionalanalysis, Physik, Mathematische Logik

[2] Kurt Gödel (1906–1978) Princeton. Mathematische Logik, Relativitätstheorie

© Springer International Publishing Switzerland 2017
M. Ziegler, *Mathematische Logik*, Mathematik Kompakt, DOI 10.1007/978-3-319-44180-1_4

Die eine Richtung (der sogenannte Korrektheitsatz) ist leicht zu zeigen: Die Menge der allgemeingültigen Sätze hat wegen der Lemmas in Kap. 3 die Eigenschaften **B1**–**B5**. Also sind alle beweisbaren Sätze allgemeingültig. Der Beweis der Umkehrung macht den Rest des Kapitels aus.

Zuerst ergänzen wir Axiome und Regeln *durch abgeleitete* Axiome und Regeln.

> **Lemma 4.1**   *1. (**Aussagenlogik**) Wenn* $\varphi_1,\ldots,\varphi_n$ *beweisbar sind und* $(\varphi_1 \wedge \ldots \wedge \varphi_n) \to \psi$ *eine Tautologie ist, ist auch* ψ *beweisbar.*
>
> *2. (**∀-Quantorenaxiome**) Wenn* x *frei für* t *in* φ*, ist*
>
> $$\vdash_L \forall x \varphi \to \varphi \frac{t}{x}.$$
>
> *3. (**∀-Einführung**) Wenn* x *nicht frei in* φ *ist, dann folgt aus der Beweisbarkeit von* $\varphi \to \psi$ *die Beweisbarkeit von* $\varphi \to \forall x \psi$*. Insbesondere folgt aus der Beweisbarkeit von* ψ *die Beweisbarkeit von* $\forall x \psi$*.*

Beweis 1. Die Behauptung gilt auch, wenn wir nur annehmen, daß $(\varphi_1 \wedge \ldots \wedge \varphi_n) \to \psi$ beweisbar ist. Man sieht leicht, daß

$$((\varphi_1 \wedge \ldots \wedge \varphi_n) \to \psi) \to (\varphi_1 \to (\varphi_2 \to (\cdots (\varphi_n \to \psi) \cdots)))$$

eine Tautologie ist. Modus Ponens ergibt also die Beweisbarkeit von

$$\varphi_1 \to (\varphi_2 \to (\cdots (\varphi_n \to \psi) \cdots)).$$

Nach n-maliger Anwendung von Modus Ponens sehen wir, daß $\vdash_L \psi$.

2. $\neg \varphi \frac{t}{x} \to \exists x \neg \varphi$ ist ein ∃-Quantorenaxiom.

$$\left(\neg \varphi \frac{t}{x} \to \exists x \neg \varphi\right) \to \left(\neg \exists x \neg \varphi \to \varphi \frac{t}{x}\right)$$

ist eine Tautologie (entstanden aus der allgemeingültigen Formel $(\neg p \to q) \to (\neg q \to p)$). Mit Modus Ponens ergibt sich $\vdash_L \neg \exists x \neg \varphi \to \varphi \frac{t}{x}$.

3. Wenn $\vdash_L \varphi \to \psi$, folgt mit einer Anwendung von Aussagenlogik, daß $\vdash_L \neg \psi \to \neg \varphi$. Nun ergibt ∃-Einführung $\vdash_L \exists x \neg \psi \to \neg \varphi$, und mit Aussagenlogik folgt $\vdash_L \varphi \to \neg \exists x \neg \psi$. Um den letzten Teil der Behauptung zu zeigen, nehmen wir an, daß ψ beweisbar ist. Wir nehmen uns dann eine Tautologie φ, die x nicht frei enthält. Aussagenlogik ergibt die Beweisbarkeit von $\varphi \to \psi$, woraus die Beweisbarkeit von $\varphi \to \forall x \psi$ folgt. Mit Modus Ponens ergibt sich $\vdash_L \forall x \psi$. □

Das Lemma erleichtert das Führen von Beweisen sehr. Wir geben als Beispiel einen Beweis[3] der allgemeingültigen Aussage $\exists x \forall y Rxy \rightarrow \forall y \exists x Rxy$:

$\forall y Rxy \rightarrow Rxy$	$\forall$-Quantorenaxiom	(1)
$Rxy \rightarrow \exists x Rxy$	$\exists$-Quantorenaxiom	(2)
$\forall y Rxy \rightarrow \exists x Rxy$	aus (1) und (2) mit Aussagenlogik	(3)
$\forall y Rxy \rightarrow \forall y \exists x Rxy$	aus (3) mit $\forall$-Einführung	(4)
$\exists x \forall y Rxy \rightarrow \forall y \exists x Rxy$	aus (4) mit $\exists$-Einführung	(5)

Das nächste Lemma zeigt, daß wir uns beim Beweis des Vollständigkeitssatzes auf Aussagen beschränken können.

> **Lemma 4.2** *Sei $\varphi(x_1, \ldots, x_n)$ eine L-Formel, C eine Menge von neuen Konstanten und $c_1, \ldots, c_n$ eine Folge von paarweise verschiedenen Elementen von C. Dann ist*
>
> $$\vdash_{L \cup C} \varphi(c_1, \ldots, c_n) \iff \vdash_L \varphi(x_1, \ldots, x_n).$$

Insbesondere gilt für Aussagen $\vdash_{L \cup C} \varphi \Leftrightarrow \vdash_L \varphi$.

Beweis Ein *L-Beweis* von ψ ist eine Folge von *L*-Formeln, die entweder Axiome sind oder mit den beiden Regeln aus früheren Formeln folgen, und die bei ψ endet.

Sei nun $B(c_1, \ldots, c_n)$ ein $L \cup C$-Beweis von $\varphi(c_1, \ldots, c_n)$. (Wir können annehmen, daß alle neuen Konstanten, die im Beweis vorkommen, in der Liste $c_1, \ldots, c_n$ aufgeführt sind.) Wenn wir überall im Beweis die Konstanten c_i durch Variable y_i ersetzen, die sonst im Beweis nicht vorkommen, erhalten wir einen *L*-Beweis $B(y_1, \ldots, y_n)$ von $\varphi(y_1, \ldots, y_n)$. $\forall$-Einführung ergibt (n-mal angewendet) $\forall y_1, \ldots, y_n \, \varphi(y_1, \ldots, y_n)$. Zusammen mit den $\forall$-Quantorenaxiomen $\forall y_i, \ldots, y_n \; \varphi(x_1, \ldots, x_{i-1}, y_i, \ldots, y_n) \rightarrow \forall y_{i+1}, \ldots, y_n \, \varphi(x_1, \ldots, x_i, y_{i+1} \ldots, y_n)$, $(i = 1, \ldots, n)$, und Aussagenlogik ergibt sich $\vdash_L \varphi(x_1, \ldots, x_n)$.

Wenn umgekehrt $\vdash_L \varphi(x_1, \ldots, x_n)$ gilt, liefert $\forall$-Einführung

$$\vdash_L \forall x_1, \ldots, x_n \, \varphi(x_1, \ldots, x_n),$$

woraus $\vdash_{L \cup C} \varphi(c_1, \ldots, c_n)$ folgt. $\square$

Eine *L-Theorie* ist eine Menge von *L*-Aussagen. Eine *L*-Theorie T heißt *widerspruchsfrei* oder *konsistent*, wenn man nicht Aussagen $\varphi_1, \ldots, \varphi_n$ aus T finden kann, die *sich widersprechen*, das heißt, für die $\vdash_L \neg(\varphi_1 \wedge \ldots \wedge \varphi_n)$. (Man beachte, daß es

---

[3] Eigentlich geben wir nur einen Beweis der Beweisbarkeit.

wegen Lemma 4.1 (1) auf die Klammerung und Reihenfolge der φ_i nicht ankommt.) Eine
Aussage φ ist genau dann nicht beweisbar, wenn $\{\neg\varphi\}$ widerspruchsfrei ist. Denn man
hat $\vdash \varphi \Rightarrow \vdash \neg\neg\varphi$ und $\vdash \neg(\neg\varphi \wedge \ldots \wedge \neg\varphi) \Rightarrow \vdash \varphi$. Ein *Modell* von T ist eine
L-Struktur, in der alle Aussagen aus T gelten. Der Vollständigkeitssatz folgt also aus dem
nächsten Satz, der, weil T auch unendlich sein kann, noch eine wesentliche Verstärkung
darstellt.

Sei T eine widerspruchsfreie L-Theorie. Aus dem letzten Lemma folgt, daß T auch als
$L \cup C$-Theorie widerspruchsfrei ist. Der nächste Satz hat sogar zur Folge, daß, für jede
Erweiterung K von L, T als K-Theorie widerspruchsfrei ist,

Satz 4.3 *Eine Theorie hat genau dann ein Modell, wenn sie widerspruchsfrei ist.*

Beweis Eine Theorie, die ein Modell hat, muß natürlich (nach dem Korrektheitssatz) widerspruchsfrei sein.

Für die Umkehrung müssen wir zu einer widerspruchsfreien L-Theorie T ein Modell
konstruieren. Wir tun das, indem wir T zuerst zu einer Theorie T^* erweitern, die aussieht
wie das *vollständige Diagramm* einer L-Struktur $\mathfrak{A}$: Wir indizieren die Elemente von A
mit neuen Konstanten aus einer Menge C

$$A = \{a_c \mid c \in C\}.$$

Das vollständige Diagramm ist dann die Menge aller $L \cup C$-Aussagen, die in der $L \cup C$-
Struktur $\mathfrak{A}^* = (\mathfrak{A}, a_c)_{c \in C}$ gelten. Man sieht sofort, daß das vollständige Diagramm eine
vollständige Henkintheorie ist im Sinne der folgenden Definition:

Definition

1. Eine $L \cup C$-Theorie T^+ heißt Henkintheorie[4] mit Konstantenmenge C, wenn es zu
   jeder $L \cup C$-Formel $\varphi(x)$ eine Konstante $c \in C$ gibt mit

   $$\big(\exists x\varphi(x) \to \varphi(c)\big) \in T^+.$$

2. Eine K-Theorie T^* ist vollständig, wenn sie widerspruchsfrei ist und wenn

   $$\varphi \in T^* \quad \text{oder} \quad \neg\varphi \in T^*$$

   für jede K-Aussage φ.[5]

Wir werden zuerst zeigen, daß T in einer vollständigen Henkintheorie T^* enthalten ist.
Dann beweisen wir, daß T^* das vollständige Diagramm eines Modells ist (das dadurch im
wesentlichen eindeutig bestimmt ist.)

---

[4] Leon Henkin (1921–2006) Berkeley. Mathematische Logik
[5] Die offizielle Definition der Vollständigkeit am Ende von Kap. 15 ist schwächer.

Schritt 1 T ist in einer widerspruchsfreien Henkintheorie T^+ enthalten.

Beweis: Sei $\varphi(x)$ eine L-Formel und c eine neue Konstante. Dann ist $T \cup \{(\exists x \varphi(x) \to \varphi(c))\}$ widerspruchsfrei. Denn wenn für eine L-Aussage ψ

$$\vdash_{L \cup \{c\}} \neg \big(\psi \wedge (\exists x \varphi(x) \to \varphi(c))\big),$$

so folgt (mit Aussagenlogik) $\vdash_{L \cup \{c\}} \neg \exists x \varphi(x) \to \neg \psi$ und $\vdash_{L \cup \{c\}} \varphi(c) \to \neg \psi$. Aus Lemma 4.2 folgt $\vdash_L \neg \exists x \varphi(x) \to \neg \psi$ und $\vdash_L \varphi(x) \to \neg \psi$. Das letztere hat aber nach der $\exists$-Einführungsregel $\vdash_L \exists x \varphi(x) \to \neg \psi$ zur Folge, und insgesamt ergibt sich (mit Aussagenlogik) $\vdash_L \neg \psi$. Daraus ergibt sich: Wenn T widerspruchsfrei ist, dann kann es keine $\psi_1 \ldots \psi_n \in T$ mit $\vdash_{L \cup \{c\}} \neg \big(\psi_1 \wedge \ldots \wedge (\exists x \varphi(x) \to \varphi(c))\big)$ geben.

Daraus folgt, daß, wenn wir für jede L-Formel $\varphi(x)$ eine eigene Konstante c_φ einführen, die Theorie $T_1 = T \cup \{\exists x \varphi(x) \to \varphi(c_\varphi) \mid \varphi(x)\ L\text{-Formel}\}$ widerspruchsfrei ist (als $L \cup C_1$-Theorie, wobei $C_1 = \{c_\varphi \mid \varphi(x)\ L\text{-Formel}\}$). Jetzt führen wir für jede $L \cup C_1$-Formel eine neue Konstante ein und erhalten eine $L \cup C_1 \cup C_2$-Theorie T_2. Wenn wir so fortfahren, erhalten wir eine Henkintheorie $T^+ = \bigcup_{i \in \mathbb{N}} T_i$ mit Konstantenmenge $C = \bigcup_{i \in \mathbb{N}} C_i$. T^+ ist widerspruchsfrei, weil je endlich viele Aussagen aus T^+ immer schon in einem genügend großen T_i vorkommen und sich daher nicht widersprechen können.

Schritt 2 Jede widerspruchsfreie K-Theorie T^+ läßt sich zu einer vollständigen K-Theorie T^* erweitern.

Beweis: Sei φ eine K-Aussage. Wenn weder $T^+ \cup \{\varphi\}$ noch $T^+ \cup \{\neg \varphi\}$ widerspruchsfrei wären, gäbe es Aussagen ψ_i und χ_j aus T^+, für die

$$\vdash_K \psi_1 \wedge \ldots \wedge \psi_n \to \neg \varphi \qquad \text{und} \qquad \vdash_K \chi_1 \wedge \ldots \wedge \chi_m \to \varphi.$$

Mit Aussagenlogik ergäbe sich

$$\vdash_K \neg (\psi_1 \wedge \ldots \wedge \psi_n \wedge \chi_1 \wedge \ldots \wedge \chi_m),$$

und T^+ wäre nicht widerspruchsfrei.

Es ist also immer $T^+ \cup \{\varphi\}$ oder $T^+ \cup \{\neg \varphi\}$ widerspruchsfrei. Wenn K höchstens abzählbar ist, können wir T^* auf einfache Weise gewinnen: Wir zählen die Menge aller K-Aussagen als $\varphi_0, \varphi_1 \ldots$ auf und nehmen der Reihe nach jeweils φ_i oder $\neg \varphi_i$ hinzu. Wenn K überabzählbar ist, verwenden wir Zorns Lemma (siehe Satz 10.2): Weil die Vereinigung jeder Kette von widerspruchsfreien K-Theorien widerspruchsfrei ist, gibt es eine maximale widerspruchsfreie K-Theorie T^*, die T^+ enthält. Dann ist $T^* \cup \{\varphi\}$ genau dann widerspruchsfrei, wenn $\varphi \in T^*$, und T^* ist vollständig. Damit ist die Behauptung bewiesen.

Wir vermerken, daß aus der Vollständigkeit folgt, daß T^* *deduktiv abgeschlossen* ist. Das heißt, wenn $\psi_1, \ldots, \psi_n$ zu T^* gehören und

$$\vdash_K \psi_1 \wedge \ldots \wedge \psi_n \to \varphi,$$

dann gehört auch ψ zu T^*.

Schritt 3 Eine vollständige Henkintheorie T^* hat ein *Modell aus Konstanten*, das heißt ein Modell $\mathfrak{A}^* = (\mathfrak{A}, a_c)_{c \in C}$ mit $A = \{a_c \mid c \in C\}$. $\mathfrak{A}^*$ ist bis auf Isomorphie eindeutig bestimmt.

Beweis der Eindeutigkeit: Sei $\mathfrak{B}^* = (\mathfrak{B}, b_c)_{c \in C}$ ein zweites Modell aus Konstanten. Weil T^* vollständig ist, ist T^* das vollständige Diagramm von $\mathfrak{A}$. Es ist also für alle $L \cup C$-Aussagen φ

$$\mathfrak{A}^* \vDash \varphi \quad \Leftrightarrow \quad \varphi \in T^* \quad \Leftrightarrow \quad \mathfrak{B}^* \vDash \varphi.$$

Weil daher für $c, d \in C$

$$a_c = a_d \quad \Leftrightarrow \quad \mathfrak{A}^* \vDash c \doteq d \quad \Leftrightarrow \quad \mathfrak{B}^* \vDash c \doteq d \quad \Leftrightarrow \quad b_c = b_d,$$

liefert $F(a_c) = b_c$ eine Bijektion zwischen A und B, die nach Konstruktion die Interpretation der Konstanten aus C respektiert. Daß die Relationen respektiert werden, folgt aus

$$R^{\mathfrak{A}}(a_{c_1}, \ldots, a_{c_n}) \quad \Leftrightarrow \quad \mathfrak{A}^* \vDash R(c_1, \ldots, c_n) \quad \Leftrightarrow \quad \mathfrak{B}^* \vDash R(c_1, \ldots, c_n)$$
$$\Leftrightarrow \quad R^{\mathfrak{B}}(b_{c_1}, \ldots, b_{c_n}).$$

Ebenso schließt man, daß für Funktionszeichen und Konstanten $f \in L$

$$f^{\mathfrak{A}}(a_{c_1}, \ldots, a_{c_n}) = a_{c_0} \quad \Leftrightarrow \quad f^{\mathfrak{B}}(b_{c_1}, \ldots, b_{c_n}) = b_{c_0}.$$

Beweis der Existenz: Um $\mathfrak{A}^*$ zu konstruieren, müssen wir Elemente $a_c, (c \in C)$, finden mit

$$a_c = a_d \quad \Leftrightarrow \quad c \doteq d \in T^*. \tag{1}$$

Das ist genau dann möglich, wenn die Relation

$$c \sim d \quad \Leftrightarrow \quad c \doteq d \in T^*$$

eine Äquivalenzrelation ist. Dann können wir nämlich für a_c die Äquivalenzklasse von c nehmen. Nun folgt aber aus dem ersten Gleichheitsaxiom und dem $\forall$-Quantorenaxiom, daß $\vdash_{L \cup C} c \doteq c$ und, weil T^* deduktiv abgeschlossen ist, $c \doteq c \in T^*$. $\sim$ ist also reflexiv. Aus dem gleichen Grund ist $(c \doteq d \land d \doteq e \to c \doteq e) \in T^*$. Wenn nun $c \doteq d \in T^*$ und $d \doteq e \in T^*$, folgt, wegen der deduktiven Abgeschlossenheit, $c \doteq e \in T^*$. Damit ist $\sim$ transitiv. Ebenso folgt die Symmetrie aus dem dritten Gleichheitsaxiom.

Wir setzen $A = \{a_c \mid c \in C\}$.

Jetzt müssen wir für jedes Relationszeichen $R \in L$ eine Relation $R^{\mathfrak{A}}$ auf A finden, sodaß

$$R^{\mathfrak{A}}(a_{c_1}, \ldots, a_{c_n}) \quad \Leftrightarrow \quad R(c_1, \ldots, c_n) \in T^*. \tag{2}$$

Wir können (2) als Definition nehmen, wenn wir zeigen können, daß

$$a_{c_1} = a_{d_1}, \ldots, a_{c_n} = a_{d_n}, \; R(c_1, \ldots, c_n) \in T^* \quad \Rightarrow \quad R(d_1, \ldots, d_n) \in T^*.$$

Das folgt aber aus dem fünften Gleichheitsaxiom und der deduktiven Abgeschlossenheit von T^*. Sei f ein n-stelliges Funktionszeichen oder eine Konstante (dann setzen wir $n = 0$) aus L. Wir müssen eine Operation $f^{\mathfrak{A}}$ auf A so definieren, daß

$$f^{\mathfrak{A}}(a_{c_1}, \ldots, a_{c_n}) = a_{c_0} \quad \Leftrightarrow \quad f(c_1, \ldots, c_n) \doteq c_0 \in T^*. \tag{3}$$

Dazu müssen wir erstens für alle $c_1, \ldots, c_n$ ein c_0 finden, für das die rechte Seite von (3) gilt. Aus $\vdash_{LUC} f(c_1, \ldots, c_n) \doteq f(c_1, \ldots, c_n)$ folgt aber mit dem $\exists$-Quantorenaxiom $\vdash_{LUC} \exists x \; f(c_1, \ldots, c_n) \doteq x$. Weil T^* eine Henkintheorie ist, gibt es ein $c_0 \in C$ mit $(\exists x \; f(c_1, \ldots, c_n) \doteq x \rightarrow f(c_1, \ldots, c_n) \doteq c_0) \in T^*$. Aus der deduktiven Abgeschlossenheit folgt die rechte Seite von (3).

Zweitens müssen wir zeigen, daß a_{c_0} durch die rechte Seite von (3) eindeutig bestimmt ist und nur von den $a_{c_1}, \ldots, a_{c_n}$ abhängt. Das heißt, daß $c_0 \doteq d_0$ zu T^* gehört, wenn $c_1 \doteq d_1, \ldots, c_n \doteq d_n, f(c_1, \ldots, c_n) \doteq c_0$ und $f(d_1, \ldots, d_n) \doteq d_0$ zu T^* gehören. Das folgt aber aus den Gleichheitsaxiomen und der deduktiven Abgeschlossenheit von T^*.

Konstante Terme (das heißt, Terme ohne Variable) werden in $\mathfrak{A}^*$ so ausgerechnet, wie es T^* sagt:

$$t^{\mathfrak{A}^*} = a_c \quad \Leftrightarrow \quad t \doteq c \in T^* \tag{4}$$

Wir zeigen das durch Induktion über den Aufbau von t: Wenn t eine Konstante aus C ist, folgt die Behauptung aus (1). Wenn $t = ft_1 \ldots t_n$ und $t_i^{\mathfrak{A}^*} = a_{c_i}$, sind nach Induktionsvoraussetzung die Gleichungen $t_i \doteq c_i$ in T^*. Aus dem vierten Gleichheitsaxiom folgt, daß

$$t \doteq c \in T^* \quad \Leftrightarrow \quad fc_1 \ldots c_n \doteq c \in T^*.$$

Andererseits ist

$$t^{\mathfrak{A}^*} = a_c \quad \Leftrightarrow \quad f^{\mathfrak{A}^*}(a_{c_1}, \ldots, a_{c_n}) = a_c \quad \Leftrightarrow \quad fc_1 \ldots c_n \doteq c \in T^*.$$

Schließlich beweisen wir durch Induktion über den Aufbau der Aussage φ, daß

$$\mathfrak{A}^* \vDash \varphi \quad \Leftrightarrow \quad \varphi \in T^*.$$

1. Fall: $\varphi = t_1 \doteq t_2$
Sei $t_i^{\mathfrak{A}^*} = a_{c_i}$. Dann ist nach (4) $\;t_i \doteq c_i \in T^*$ für $i = 1, 2$ und daher

$$\mathfrak{A}^* \vDash \varphi \quad \Leftrightarrow \quad a_{c_1} = a_{c_2} \quad \Leftrightarrow \quad c_1 \doteq c_2 \in T^* \quad \Leftrightarrow \quad t_1 \doteq t_2 \in T^*.$$

2. Fall: $\varphi = R t_1 \ldots, t_n$

Sei $t_i^{\mathfrak{A}^*} = a_{c_i}$. Dann ist nach (4) $t_i \doteq c_i \in T^*$ für $i = 1, \ldots, n$ und

$$\mathfrak{A}^* \vDash \varphi \quad \Leftrightarrow \quad R c_1 \ldots c_n \in T^* \quad \Leftrightarrow \quad \varphi \in T^*.$$

Die letzte Äquivalenz folgt aus dem fünften Gleichheitsaxiom.

3. Fall $\varphi = \neg \psi$

Weil T^* vollständig ist, gilt

$$\mathfrak{A}^* \vDash \varphi \quad \Leftrightarrow \quad \mathfrak{A}^* \nvDash \psi \quad \Leftrightarrow \quad \psi \notin T^* \quad \Leftrightarrow \quad \varphi \in T^*.$$

4. Fall $\varphi = (\psi_1 \wedge \psi_2)$

Aus der deduktiven Abgeschlossenheit von T^* folgt:

$$\mathfrak{A}^* \vDash \varphi \quad \Leftrightarrow \quad \mathfrak{A}^* \vDash \psi_i \; (i = 1, 2) \quad \Leftrightarrow \quad \psi_i \in T^* \; (i = 1, 2) \quad \Leftrightarrow \quad \varphi \in T^*.$$

5. Fall $\varphi = \exists x \, \psi$

Aus der deduktiven Abgeschlossenheit von T^* folgt $\exists x \, \psi \in T^*$, wenn $\psi(c) \in T^*$ für ein $c \in C$. Wenn umgekehrt $\exists x \, \psi \in T^*$ und $\exists x \, \psi \rightarrow \psi(c) \in T^*$, folgt $\psi(c) \in T^*$. Also haben wir

$$\mathfrak{A}^* \vDash \varphi \quad \Leftrightarrow \quad \mathfrak{A}^* \vDash \psi[a_c] \quad \text{für ein } c \in C \quad \Leftrightarrow \quad \mathfrak{A}^* \vDash \psi(c) \quad \text{für ein } c \in C$$
$$\Leftrightarrow \quad \psi(c) \in T^* \quad \text{für ein } c \in C \quad \Leftrightarrow \quad \varphi \in T^*.$$

Damit ist der Satz bewiesen.   □

Definition

Sei T eine L-Theorie und φ eine L-Aussage.

1. φ ist in T *beweisbar* ,

$$T \vdash \varphi,$$

wenn es Axiome $\psi_1, \ldots, \psi_n$ aus T gibt für die $\psi_1 \wedge \cdots \wedge \psi_n \rightarrow \varphi$ beweisbar ist.

2. φ *folgt logisch* aus T,

$$T \vDash \varphi,$$

wenn φ in allen Modellen von T gilt.

Folgerung 4.4

$$T \vdash \varphi \quad \Leftrightarrow \quad T \vDash \varphi$$

Beweis φ ist in T genau dann nicht beweisbar, wenn $T \cup \{\neg\, \varphi\}$ widerspruchsfrei ist. Andererseits folgt φ genau dann nicht logisch aus T, wenn $T \cup \{\neg\, \varphi\}$ ein Modell hat. $\square$

Folgerung 4.5 (Kompaktheitssatz) *Eine Theorie hat genau dann ein Modell, wenn jede endliche Teilmenge ein Modell hat.*

Den Kompaktheitssatz könnte man den ersten Hauptsatz der Modelltheorie nennen. Der zweite Hauptsatz wäre dann der Satz von Löwenheim-Skolem.

Folgerung (Löwenheim[6]-Skolem[7]) *Wenn eine Theorie mit höchstens abzählbarer Sprache eine Modell hat, hat sie ein höchstens abzählbares Modell.*

Beweis Im Beweis des letzten Satzes wurde die Sprache durch eine Konstantenmenge C erweitert. Zu jeder L-Formel wurde eine Konstante eingeführt und dieser Prozeß abzählbar oft wiederholt. Wenn L höchstens abzählbar ist, ist also auch C höchstens abzählbar. Das im Beweis konstruierte Modell hat aber höchstens so viele Elemente wie C. $\square$

Zwei Lehrbücher der Modelltheorie seien hier genannt: Das Buch von Dave Marker, [21], und [25].

Am Schluß dieses Kapitels bemerken wir noch, daß man sich in vielen Fällen auf Formeln ohne Gleichheitszeichen zurückziehen kann. Sei T eine L-Theorie und E ein neues zweistelliges Relationszeichen. Wir bezeichnen mit

- $T(\doteq/E)$ die $L \cup \{E\}$-Theorie, die aus T entsteht, indem man in den Axiomen alle Teilformeln $t_1 \doteq t_2$ durch $E t_1 t_2$ ersetzt,
- Kong_L Axiome, die ausdrücken, daß E eine Kongruenzrelation ist.

Dann gilt:

Lemma 4.6 *T ist genau dann konsistent, wenn $T(\doteq/E) \cup \mathrm{Kong}_L$ konsistent ist.*

Beweis Ein Modell von T wird ein Modell von $T(\doteq/E) \cup \mathrm{Kong}_L$, wenn man E durch die Gleichheit interpretiert. Sei umgekehrt $(\mathfrak{A}, E^{\mathfrak{A}})$ ein Modell von $T(\doteq/E) \cup \mathrm{Kong}_L$. Dann ist E eine Kongruenzrelation auf $\mathfrak{A}$. Definiere die L-Struktur $\mathfrak{B}$ auf der Grund-

---

[6] Leopold Löwenheim (1878–1957) Berlin. Mathematische Logik
[7] Thoralf Skolem (1887–1963) Oslo. Zahlentheorie, Gruppentheorie, Verbandstheorie, Mathematische Logik

menge $A/E^{\mathfrak{A}}$ durch

$$c^{\mathfrak{B}} = c^{\mathfrak{A}} E$$

$$f^{\mathfrak{B}}(a_1 E, \dots, a_n E) = f^{\mathfrak{A}}(a_1, \dots, a_n) E$$

$$R^{\mathfrak{B}}(a_1 E, \dots, a_n E) \Leftrightarrow R^{\mathfrak{A}}(a_1, \dots, a_n).$$

$\mathfrak{B}$ ist ein Modell von T.   □

▶ **Bemerkung** Der Beweis des Vollständigkeitssatzes zeigt, daß eine allgemeingültige Formel ohne Gleichheitszeichen einen Beweis hat, in dem keine Gleichheitszeichen vorkommen.

Übungsaufgaben

14. Eine Menge T von aussagenlogische Formeln heißt erfüllbar, wenn es eine Belegung der Variablen gibt, bei der alle Formeln aus T wahr werden. Der *Kompaktheitssatz der Aussagenlogik* besagt:
    T ist genau dann erfüllbar, wenn jede endliche Teilmenge von T erfüllbar ist.
    Beweisen Sie den Kompaktheitssatz der Aussagenlogik auf zwei Weisen:
    1. Durch Reduktion auf den Kompaktheitssatz (4.5). Betrachte eine Sprache L, die für jede Aussagenvariable ein einstelliges Relationszeichen hat, und übersetze T in eine L-Theorie.
    2. Erweitere T zu einer maximalen endlich erfüllbaren Formelmenge T^* (in denselben Variablen), und setze

       $$\mu(p) = \mathbf{W} \iff p \in T^*.$$

15. Ein Graph $G = (E, K)$ besteht aus einer Eckenmenge E und einer zweistelligen, symmetrischen, irreflexiven Relation K. Ecken, die in der Relation K stehen, heißen mit einer Kante verbunden. Eine N-Färbung von G ordnet jeder Ecke eine der Farben $c_1, \dots, c_N$ zu, sodaß verbundene Ecken verschiedene Farben haben. Zeigen Sie mit Hilfe des Kompaktheitssatzes der Aussagenlogik: G ist genau dann N-färbbar, wenn jeder endlichen Teilgraph N-färbar ist. *Hinweis*: Führen Sie für jede Ecke e und jede Farbe c_n eine Aussagenvariable $p_{e,n}$ ein.

16. Sei M eine Menge von Aussagenvariablen. Wir geben $\{\mathbf{W}, \mathbf{F}\}$ die diskrete Topologie und versehen $\mathcal{B} = \{\mathbf{W}, \mathbf{F}\}^M$ mit der Produkttopologie. Zeigen Sie, daß für jede aussagenlogische Formel f die Menge $\{\mu \in \mathcal{B} \mid \mu(f) = \mathbf{W}\}$ abgeschlossen ist. Der Kompaktheitssatz der Aussagenlogik folgt nun aus der Kompaktheit von $\mathcal{B}$. (Nach dem Satz von Tychonoff (siehe [15]) ist das Produkt von kompakten Räumen wieder kompakt.)

17. Sei $\mathfrak{A}$ ein L-Struktur. Eine Unterstruktur $\mathfrak{C}$ heißt *elementare* Unterstruktur, wenn

    $$\mathfrak{A} \vDash \varphi[c_1, \dots, c_n] \iff \mathfrak{C} \vDash \varphi[c_1, \dots, c_n]$$

    für alle $\varphi(x_1, \dots, x_n)$ und $c_1, \dots, c_n \in C$
    Zeigen Sie:
    1. (Tarski[8]-Kriterium) C ist genau dann Universum einer elementaren Unterstruktur von $\mathfrak{A}$, wenn für alle $\varphi(x, y_1, \dots, y_n)$ und alle $d_1, \dots, d_n \in C$ das folgende gilt: Wenn es ein $a \in A$ mit $\mathfrak{A} \vDash \varphi[a, d_1, \dots, d_n]$ gibt, dann gibt es auch ein $c \in C$ mit $\mathfrak{A} \vDash \varphi[c, d_1, \dots, d_n]$.

---

[8] Alfred Tarski (1901–1983) Berkeley. Mathematische Logik

    Hinweis: Die eine Richtung ist einfach; die andere folgt durch Induktion über den Aufbau von φ.

2. Wenn L höchstens abzählbar ist, hat jedes $\mathfrak{A}$ eine höchstens abzählbare elementare Unterstruktur.

    Hinweis: Analog zur Konstruktion von T^+ im Beweis von Satz 4.3.

18. Eine Klasse von L-Strukturen heißt *elementar*, wenn sie die Klasse aller Modelle einer Theorie ist. Zeigen Sie:

1. Die Klasse aller unendlichen L-Strukturen ist elementar.
2. Die Klasse aller endlichen L-Strukturen ist nicht elementar.

19. Zeigen Sie, daß endliche elementar äquivalente Strukturen isomorph sind.

    Hinweis: Das ist einfach für endliches L. Für unendliches L nehmen wir an, daß $\mathfrak{A}$ und $\mathfrak{B}$ nicht isomorph sind. Dann gibt es für jedes Bijektion $F: A \to B$ ein Zeichen Z_F aus L, das mit F nicht kommutiert. Betrachte nun die endliche Teilsprache $L' = \{Z_F \mid F: A \to B \text{ Bijektion}\}$.

20. Eine Klasse $\mathcal{K}$ von L-Strukturen ist *endlich axiomatisierbar*, wenn sie die Modellklasse einer endlichen Theorie ist. Zeigen Sie, daß $\mathcal{K}$ genau dann endlich axiomatisierbar ist, wenn sowohl $\mathcal{K}$ als auch das Komplement von $\mathcal{K}$ axiomatisierbar sind.

21. Zeigen Sie, daß die Klasse aller Körper der Charakteristik Null axiomatisierbar ist, aber nicht endlich axiomatisierbar.

22. Sei $\mathfrak{R}$ der angeordnete Körper der reellen Zahlen, eventuell mit Zusatzstruktur versehen wie in Aufgabe 7. Zeigen Sie, daß es eine zu $\mathfrak{R}$ elementar äquivalente Struktur gibt, die nicht-archimedisch geordnet ist.

    Hinweis: Sei Th$(\mathfrak{R})$ die Menge aller Aussage, die in $\mathfrak{R}$ gelten, und c eine neue Konstante. Dann hat jede endliche Teilmenge von Th$(\mathfrak{R}) \cup \{\underbrace{1 + \cdots + 1}_{n\text{-mal}} < c \mid n \in \mathbb{N}\}$ ein Modell.

23. Zeigen Sie, daß sich alle allgemeingültigen Aussagen durch wiederholte Anwendung der Modus Ponens Regel aus den folgenden allgemeingültigen Aussagen ableiten lassen:

- $\forall \bar{x}\, \varphi(\bar{x})$, wenn $\varphi(\bar{x})$ ein Axiom des Hilbertkalküls ist.
- $\forall \bar{x} \left(\forall y \big(\varphi(\bar{x}, y) \to \psi(\bar{x}, y) \big) \to \big(\forall y\, \varphi(\bar{x}, y) \to \forall y\, \psi(\bar{x}, y) \big) \right)$
- $\forall \bar{x} \left(\varphi(\bar{x}) \to \forall y\, \varphi(\bar{x}) \right)$, wenn y nicht unter den x_i vorkommt.

    Hinweis: Zeigen Sie, daß $\forall \bar{x} \varphi(\bar{x})$ ableitbar ist, wenn $\varphi(\bar{x})$ im Hilbertkalkül beweisbar ist. Ein ausführlicher Beweis findet sich in [7].[9]

---

[9] Ich danke Enrique Casanovas für den Hinweis.

Der Sequenzenkalkül

5

Der von Gentzen[1] aufgestellte Sequenzenkalkül hat gegenüber dem Hilbertschen Kalkül die folgenden Vorteile.

1. Axiome und Regeln entsprechen den Regeln des Formelaufbaus.
2. Die Beweise sind näher am natürlichen Schließen.
3. Der Beweis des Vollständigkeitssatzes ist einfach.
4. Die Beweise lassen sich analysieren.

Der Kalkül hat den Nachteil, daß man „Sequenzen" (und nicht Formeln) herleitet.

Sei L eine Sprache und C eine abzählbare Menge von neuen Konstanten. Eine *Sequenz* ist ein Paar

$$\Delta \succ \Gamma$$

von endlichen Mengen von $L \cup C$-Aussagen. Eine Sequenz $\Delta \succ \Gamma$ gilt in der $L \cup C$-Struktur $\mathfrak{A}^*$, wenn in $\mathfrak{A}^*$ eine der Aussagen aus Δ falsch ist oder eine der Aussagen aus Γ wahr. $\{\delta_1, \ldots, \delta_m\} \succ \{\gamma_1, \ldots, \gamma_n\}$ hat also die Bedeutung

$$(\delta_1 \wedge \ldots \wedge \delta_m) \longrightarrow (\gamma_1 \vee \ldots \vee \gamma_n).$$

Eine Sequenz ist *allgemeingültig*, wenn sie in allen $L \cup C$-Strukturen gilt.

Wir beschreiben die Axiome und Regeln des Sequenzenkalküls in der Form

$$\frac{\mathfrak{S}_1, \ldots, \mathfrak{S}_n}{\mathfrak{S}_0}$$

---

[1] Gerhard Gentzen (1909–1945) Göttingen. Beweistheorie

© Springer International Publishing Switzerland 2017

M. Ziegler, *Mathematische Logik*, Mathematik Kompakt, DOI 10.1007/978-3-319-44180-1_5

mit der Bedeutung: *Wenn die Sequenzen* $\mathfrak{S}_1, \ldots, \mathfrak{S}_n$ *ableitbar sind, dann auch die Sequenz* $\mathfrak{S}_0$. Wir lassen die Regeln für Gleichheit, Konstanten und Funktionszeichen weg, um die Darstellung zu vereinfachen.[2]

Axiome

$$\overline{\Delta \cup \{\varphi\} \succ \Gamma \cup \{\varphi\}}$$

¬-links-Regel

$$\frac{\Delta \succ \Gamma \cup \{\varphi\}}{\Delta \cup \{\neg\varphi\} \succ \Gamma}$$

¬-rechts-Regel

$$\frac{\Delta \cup \{\varphi\} \succ \Gamma}{\Delta \succ \Gamma \cup \{\neg\varphi\}}$$

∧-links-Regeln

$$\frac{\Delta \cup \{\varphi_i\} \succ \Gamma}{\Delta \cup \{(\varphi_1 \wedge \varphi_2)\} \succ \Gamma} \quad \text{für } i = 1, 2$$

∧-rechts-Regel

$$\frac{\Delta \succ \Gamma \cup \{\varphi_1\}, \ \Delta \succ \Gamma \cup \{\varphi_2\}}{\Delta \succ \Gamma \cup \{(\varphi_1 \wedge \varphi_2)\}}$$

∃-links-Regel

$$\frac{\Delta \cup \{\varphi(c)\} \succ \Gamma}{\Delta \cup \{\exists x \ \varphi(x)\} \succ \Gamma} \quad \text{wenn } c \text{ nicht in } \Delta, \Gamma \text{ und } \varphi \text{ vorkommt}$$

∃-rechts-Regel

$$\frac{\Delta \succ \Gamma \cup \{\varphi(c)\}}{\Delta \succ \Gamma \cup \{\exists x \ \varphi(x)\}}$$

Wenn man will, kann man in den Axiomen voraussetzen, daß φ eine Primformel ist.

> **Satz** (**Vollständigkeitssatz,** [8]) *Eine Sequenz (ohne Gleichheit, Konstanten und Funktionszeichen aus L) ist genau dann allgemeingültig, wenn sie im Sequenzenkalkül ableitbar ist.*

Beweis Es ist klar, daß die Axiome des Kalküls allgemeingültig sind und daß die Regeln von allgemeingültigen Sequenzen wieder zu allgemeingültige Sequenzen führen: In den ¬-Regeln und der ∧-rechts-Regel ist die Konklusion logisch äquivalent zu der (Konjunktion der) Hypothese(n). In den ∧-links-Regeln und in der ∃-rechts-Regel folgt die Konklusion (wegen der ∃-Quantorenaxiome, vgl. Kap. 3) aus der Hypothese. Die ∃-links-Regel ist eine Form der ∃-Einführung.

Bevor wir die Umkehrung beweisen, zeigen wir noch, wie die Allgemeingültigkeit der Formel $\varphi = \exists x \forall y Rxy \rightarrow \forall y \exists x Rxy$ im Sequenzenkalkül abgeleitet wird: (Wir lassen

---

[2] n-stellige Funktionen könnte man durch $n + 1$ stellige Relationen ersetzen ($n \geq 0$). Für Gleichheitszeichen siehe Lemma 4.6.

dabei auf beiden Seiten einer Sequenz Mengenklammern weg.)

$$
\begin{array}{ll}
Rcd \succ Rcd & \text{Axiom} \\
Rcd \succ \exists x\, Rxd & \exists\text{-rechts-Regel} \\
\succ \neg\, Rcd, \exists x\, Rxd & \neg\text{-rechts-Regel} \\
\succ \exists y\, \neg\, Rcy, \exists x\, Rxd & \exists\text{-rechts-Regel} \\
\neg\, \exists x\, Rxd \succ \exists y\, \neg\, Rcy & \neg\text{-links-Regel} \\
\neg\, \exists y\, \neg\, Rcy, \neg\, \exists x\, Rxd \succ & \neg\text{-links-Regel} \\
\neg\, \exists y\, \neg\, Rcy, \exists y\, \neg\, \exists x\, Rxy \succ & \exists\text{-links-Regel} \\
\exists x\, \neg\, \exists y\, \neg\, Rxy, \exists y\, \neg\, \exists x\, Rxy \succ & \exists\text{-links-Regel} \\
\exists x\, \neg\, \exists y\, \neg\, Rxy \succ \neg\, \exists y\, \neg\, \exists x\, Rxy & \neg\text{-rechts-Regel} \\
\exists x\, \neg\, \exists y\, \neg\, Rxy, \neg\, \neg\, \exists y\, \neg\, \exists x\, Rxy \succ & \neg\text{-links-Regel} \\
(\exists x\, \neg\, \exists y\, \neg\, Rxy \wedge \neg\, \neg\, \exists y\, \neg\, \exists x\, Rxy), \exists x\, \neg\, \exists y\, \neg\, Rxy \succ & \wedge\text{-links-Regel} \\
(\exists x\, \neg\, \exists y\, \neg\, Rxy \wedge \neg\, \neg\, \exists y\, \neg\, \exists x\, Rxy) \succ & \wedge\text{-links-Regel} \\
\succ \neg\, (\exists x\, \neg\, \exists y\, \neg\, Rxy \wedge \neg\, \neg\, \exists y\, \neg\, \exists x\, Rxy) & \neg\text{-rechts-Regel}
\end{array}
$$

Die rechte Seite der letzten Sequenz ist φ.

Sei $\Delta \succ \Gamma$ eine Sequenz, die nicht ableitbar ist. L sei eine endliche (oder abzählbare) Sprache, zu der diese Sequenz gehört. Wir konstruieren eine Folge $\Delta_i \succ \Gamma_i$ ($i = 0, 1, 2\ldots$) von nicht-ableitbaren Sequenzen. Dabei werden die Δ_i und die Γ_i zwei aufsteigende Folgen bilden, die bei $\Delta = \Delta_0$ und bei $\Gamma = \Gamma_0$ beginnen. Wir fixieren eine Aufzählung (φ_i, c_i), in der jedes Paar (φ, c), bestehend aus einer $L \cup C$-Formel φ_i und einer Konstanten $c \in C$, unendlich oft vorkommt. Dann definieren wir die gesuchte Folge rekursiv. Sei $\Delta_i \succ \Gamma_i$ schon konstruiert und nicht ableitbar:

1. Fall: $\varphi_i = \neg \psi \in \Delta_i$. Dann ist wegen der $\neg$-links-Regel die Sequenz $\Delta_{i+1} = \Delta_i \succ \Gamma_{i+1} = \Gamma_i \cup \{\psi\}$ nicht ableitbar.

2. Fall: $\varphi_i = \neg \psi \in \Gamma_i$. Dann ist wegen der $\neg$-rechts-Regel die Sequenz $\Delta_{i+1} = \Delta_i \cup \{\psi\} \succ \Gamma_{i+1} = \Gamma_i$ nicht ableitbar.

3. Fall: $\varphi_i = (\psi_1 \wedge \psi_2) \in \Delta_i$. Wir setzen $\Delta_{i+1} = \Delta_i \cup \{\psi_1, \psi_2\}$ und $\Gamma_{i+1} = \Gamma_i$. Durch Anwenden der beiden $\wedge$-links-Regeln könnte man $\Delta_i \succ \Gamma_i$ aus $\Delta_{i+1} \succ \Gamma_{i+1}$ gewinnen. Also ist $\Delta_{i+1} \succ \Gamma_{i+1}$ nicht ableitbar.

4. Fall: $\varphi_i = (\psi_1 \wedge \psi_2) \in \Gamma_i$. Wegen der $\wedge$-rechts-Regel können nicht beide Sequenzen $\Delta_i \succ \Gamma_i \cup \{\psi_1\}$ und $\Delta_i \succ \Gamma_i \cup \{\psi_2\}$ ableitbar sein. Wir wählen j so daß $\Delta_{i+1} = \Delta_i \succ \Gamma_{i+1} = \Gamma_i \cup \{\psi_j\}$ nicht ableitbar ist.

5. Fall: $\varphi_i = \exists x \psi(x) \in \Delta_i$. Wähle ein c, das in Δ_i und Γ_i nicht vorkommt. Dann ist wegen der $\exists$-links-Regel die Sequenz $\Delta_{i+1} = \Delta_i \cup \{\psi(c)\} \succ \Gamma_{i+1} = \Gamma_i$ nicht ableitbar.

6. Fall: $\varphi_i = \exists x \psi(x) \in \Gamma_i$. Wir setzen dann $\Delta_{i+1} = \Delta_i$ und $\Gamma_{i+1} = \Gamma_i \cup \{\psi(c_i)\}$. Die neue Sequenz ist nicht ableitbar wegen der $\exists$-rechts-Regel.

Wenn keiner dieser sechs Fälle auftritt, setzen wir $\Delta_{i+1} = \Delta_i$ und $\Gamma_{i+1} = \Gamma_i$. Weil die $\Delta_i \succ \Gamma_i$ keine Axiome sind, sind die Δ_i und Γ_i disjunkt. Daraus folgt, daß in jedem Konstruktionsabschnitt höchstens einer der sechs Fälle vorkommt.

Die Mengen $\Delta^* = \bigcup_{i \in \mathbb{N}} \Delta_i$ und $\Gamma^* = \bigcup_{i \in \mathbb{N}} \Gamma_i$ haben offensichtlich die folgenden Eigenschaften:

0. Δ^* und Γ^* sind disjunkt.
1. Wenn $\neg\, \psi \in \Delta^*$, ist $\psi \in \Gamma^*$.
2. Wenn $\neg\, \psi \in \Gamma^*$, ist $\psi \in \Delta^*$.
3. Wenn $(\psi_1 \wedge \psi_2) \in \Delta^*$, gehören ψ_1 und ψ_2 zu Δ^*.
4. Wenn $(\psi_1 \wedge \psi_2) \in \Gamma^*$, dann gehört ψ_1 oder ψ_2 zu Γ^*.
5. Wenn $\exists x\, \psi(x) \in \Delta^*$, gibt es ein $c \in C$ mit $\psi(c) \in \Delta^*$.
6. Wenn $\exists x\, \psi(x) \in \Gamma^*$, ist $\psi(c) \in \Gamma^*$ für alle $c \in C$.

Sei nun $A = \{a_c \mid c \in C\}$ eine Menge, die durch $(a_c)_{c \in C}$ injektiv aufgezählt ist (man kann z. B. $a_c = c$ nehmen). Wir machen A zu einer L-Struktur $\mathfrak{A}$, indem wir die Relationszeichen $R \in L$ durch $R^{\mathfrak{A}}(a_{c_1}, \ldots, a_{c_n}) \Leftrightarrow R(c_1, \ldots, c_n) \in \Delta^*$ interpretieren. $\mathfrak{A}^* = (\mathfrak{A}, a_c)_{c \in C}$ ist eine $L \cup C$-Struktur, in der $\Delta \succ \Gamma$ nicht gilt. Um das einzusehen, zeigen wir durch Induktion über den Aufbau von φ, daß $\varphi \in \Delta^* \Rightarrow \mathfrak{A}^* \vDash \varphi$ und $\varphi \in \Gamma^* \Rightarrow \mathfrak{A}^* \nvDash \varphi$:

0. Fall: $\varphi = R(c_1, \ldots, c_n)$.
   Wenn $R(c_1, \ldots, c_n) \in \Delta^*$, ist $\mathfrak{A}^* \vDash R(c_1, \ldots, c_n)$ nach Konstruktion. Wenn $R(c_1, \ldots, c_n) \in \Gamma^*$, ist nach Eigenschaft 0 $R(c_1, \ldots, c_n) \notin \Delta^*$, also $\mathfrak{A}^* \nvDash R(c_1, \ldots, c_n)$.
1. Fall: $\varphi = \neg\, \psi \in \Delta^*$.
   Dann ist nach Eigenschaft 1 $\psi \in \Gamma^*$. Nach Induktionsvoraussetzung ist $\mathfrak{A}^* \nvDash \psi$. Also $\mathfrak{A}^* \vDash \varphi$.
2. Fall: $\varphi = \neg\, \psi \in \Gamma^*$.
   Dann ist nach Eigenschaft 2 $\psi \in \Delta^*$. Die Induktionsvoraussetzung liefert $\mathfrak{A}^* \vDash \psi$. Also $\mathfrak{A}^* \nvDash \varphi$.
3. Fall: Wenn $\varphi = (\psi_1 \wedge \psi_2) \in \Delta^*$,
   sind wegen 3 ψ_1 und ψ_2 in Δ^*. Nach Induktionsvoraussetzung gelten ψ_1 und ψ_2 in $\mathfrak{A}^*$, also gilt auch φ.
4. Fall: Aus $\varphi = (\psi_1 \wedge \psi_2) \in \Gamma^*$
   folgt aus 4, daß zum Beispiel $\psi_1 \in \Gamma^*$. Die Induktionsvoraussetzung liefert $\mathfrak{A}^* \nvDash \psi_1$, also $\mathfrak{A}^* \nvDash \varphi$.
5. Fall: Wenn $\exists x\, \psi(x) \in \Delta^*$,
   gibt es wegen 5 ein $c \in C$ mit $\psi(c) \in \Delta^*$. Dann ist $\mathfrak{A}^* \vDash \psi(c)$ nach Induktionsvoraussetzung, also $\mathfrak{A}^* \vDash \varphi$.
6. Fall: $\varphi = \exists x\, \psi(x) \in \Gamma^*$.
   Eigenschaft 6 sagt, daß alle $\varphi(c)$ für $c \in C$ zu Γ^* gehören. Also gilt nach Induktionsvoraussetzung keines der $\varphi(c)$ in $\mathfrak{A}^*$. Weil $A = \{c^{\mathfrak{A}^*} \mid c \in C\}$ ist $\mathfrak{A}^* \nvDash \varphi$. $\qquad\Box$

Als ein Anwendungsbeispiel beweisen wir den *Interpolationssatz*, allerdings nur für Aussagen φ_i ohne Gleichheit, Konstanten und Funktionszeichen. Man kann sich aber leicht überzeugen, daß der Satz in seiner Allgemeinheit leicht aus diesem Spezialfall folgt.

Satz (Interpolationssatz (Craig[3])) *Sei φ_1 eine L_1-Aussage und φ_2 eine L_2-Aussage. Wenn*

$$\varphi_1 \to \varphi_2$$

allgemeingültig ist, gibt es eine interpolierende *$L_1 \cap L_2$-Aussage δ, für die*

$$\varphi_1 \to \delta \quad und \quad \delta \to \varphi_2$$

allgemeingültig sind.

Beweis Wenn $\varphi_1 \to \varphi_2$ allgemeingültig ist, ist die Sequenz $\varphi_1 \succ \varphi_2$ ableitbar. Wir zeigen die Existenz von δ durch Induktion über die Länge des Beweises. Weil aber in einem Beweis von $\varphi_1 \succ \varphi_2$ Sequenzen vorkommen werden, in denen L_1-Aussagen auch rechts und L_2-Aussagen auch links stehen können, beweisen wir durch Induktion über die Beweislänge:

Wenn Δ_i und Γ_i endliche Mengen von $L_i \cup C$-Aussagen sind und

$$\Delta_1 \cup \Delta_2 \succ \Gamma_1 \cup \Gamma_2$$

ableitbar ist, gibt es eine $(L_1 \cap L_2) \cup C$-Aussage β, für die $\Delta_1 \succ \Gamma_1 \cup \{\beta\}$ und $\{\beta\} \cup \Delta_2 \succ \Gamma_2$ allgemeingültig sind.

Daraus folgt dann die Behauptung. Denn wenn $\varphi_1 \succ \beta(c_1, \ldots, c_n)$ und $\beta(c_1, \ldots, c_n) \succ \varphi_2$ allgemeingültig sind, leistet $\delta = \exists x_1, \ldots, x_n \, \beta(x_1, \ldots x_n)$ das Verlangte.

Sei nun $\mathfrak{S} = \Delta_1 \cup \Delta_2 \succ \Gamma_1 \cup \Gamma_2$ ableitbar. Dann ist $\mathfrak{S}$ ein Axiom oder folgt nach einer der sechs Regeln aus Sequenzen mit kürzeren Ableitungen. Jeder dieser Fälle zerfällt in zwei Unterfälle, je nachdem, ob die Formel im Axiom zu Δ_1 oder Δ_2, oder ob die in der Regel betrachtete Formel zu $\Delta_1 \cup \Gamma_1$ oder $\Delta_2 \cup \Gamma_2$ gehört. Wir brauchen aber immer nur den ersten dieser Fälle zu betrachten. Die Induktionsbehauptung impliziert nämlich die Allgemeingültigkeit von $\Delta_2 \succ \Gamma_2 \cup \{\neg\beta\}$ und $\{\neg\beta\} \cup \Delta_1 \succ \Gamma_1$ und ist daher symmetrisch in L_1 und L_2.

0. Fall: $\mathfrak{S}$ ist ein Axiom, weil es ein $\varphi \in \Delta_1$ mit $\varphi \in \Gamma_1 \cup \Gamma_2$ gibt. Wenn $\varphi \in \Gamma_1$ ist, können wir $\beta = \neg c \doteq c$ setzen[4], und $\beta = \varphi$, wenn $\varphi \in \Gamma_2$.

---

[3] William Craig (1918–2016) Berkeley. Philosophie, Mathematische Logik
[4] Statt $\neg c \doteq c$ können wir irgendeine $(L_1 \cap L_2) \cup C$-Aussage nehmen, deren Negation allgemeingültig ist.

1. Fall: Es ist $\Delta_1 = \Delta_1' \cup \{\neg \varphi\}$, und $\mathfrak{S}$ folgt mit der $\neg$-links-Regel aus $\Delta_1' \cup \Delta_2 \succ (\Gamma_1 \cup \{\varphi\}) \cup \Gamma_2$. Nach Induktionsvoraussetzung gibt es eine $(L_1 \cap L_2) \cup C$-Formel β', für die $\Delta_1' \succ (\Gamma_1 \cup \{\varphi\}) \cup \{\beta'\}$ und $\{\beta'\} \cup \Delta_2 \succ \Gamma_2$ allgemeingültig sind. Wir setzen $\beta = \beta'$.

2. Fall: Es ist $\Gamma_1 = \Gamma_1' \cup \{\neg \varphi\}$, und $\mathfrak{S}$ folgt mit der $\neg$-rechts-Regel aus $(\Delta_1 \cup \{\varphi\}) \cup \Delta_2 \succ \Gamma_1' \cup \Gamma_2$. Wir wählen wieder β', sodaß $\Delta_1 \cup \{\varphi\} \succ (\Gamma_1') \cup \{\beta'\}$ und $\{\beta'\} \cup \Delta_2 \succ \Gamma_2$ allgemeingültig sind, und setzen $\beta = \beta'$.

3. Fall: Es ist $\Delta_1 = \Delta_1' \cup \{\varphi_1 \wedge \varphi_2\}$, und für ein $i = 1, 2$ folgt $\mathfrak{S}$ mit der $\wedge$-rechts-Regel aus $(\Delta_1' \cup \{\varphi_i\}) \cup \Delta_2 \succ \Gamma_1 \cup \Gamma_2$. Wenn $(\Delta_1' \cup \{\varphi_i\}) \succ \Gamma_1 \cup \{\beta'\}$ und $\{\beta'\} \cup \Delta_2 \succ \Gamma_2$ allgemeingültig sind, können wir $\beta = \beta'$ nehmen.

4. Fall: Es ist $\Gamma_1 = \Gamma_1' \cup \{\varphi_1 \wedge \varphi_2\}$, und $\mathfrak{S}$ folgt aus den beiden Sequenzen $\Delta_1 \cup \Delta_2 \succ (\Gamma_1' \cup \{\varphi_i\}) \cup \Gamma_2$ $(i = 1, 2)$ mit der $\wedge$-rechts-Regel. Wenn dann für $i = 1, 2$ $\Delta_1 \succ (\Gamma_1' \cup \{\varphi_i\}) \cup \{\beta_i\}$ und $\{\beta_i\} \cup \Delta_2 \succ \Gamma_2$ allgemeingültig sind, setzen wir $\beta = \beta_1 \vee \beta_2$.

5. Fall: Es ist $\Delta_1 = \Delta_1' \cup \{\exists x\ \varphi(x)\}$, und $\mathfrak{S}$ folgt aus $(\Delta_1' \cup \{\varphi(c)\}) \cup \Delta_2 \succ \Gamma_1 \cup \Gamma_2$ mit der $\exists$-links-Regel. c kommt also in $\mathfrak{S}$ nicht vor. Wenn nun für ein $\beta(x)$, das c nicht enthält, die Sequenzen $(\Delta_1' \cup \{\varphi(c)\}) \succ \Gamma_1 \cup \{\beta'(c)\}$ und $\{\beta'(c)\} \cup \Delta_2 \succ \Gamma_2$ allgemeingültig sind, setzen wir $\beta = \exists x\ \beta'(x)$.

6. Fall: Es ist $\Gamma_1 = \Gamma_1' \cup \{\exists x\ \varphi(x)\}$, und $\mathfrak{S}$ folgt mit der $\exists$-rechts-Regel aus $\Delta_1 \cup \Delta_2 \succ (\Gamma_1' \cup \{\varphi(c)\}) \cup \Gamma_2$. Wenn $\Delta_1 \succ (\Gamma_1' \cup \{\varphi(c)\}) \cup \{\beta'\}$ und $\{\beta'\} \cup \Delta_2 \succ \Gamma_2$ allgemeingültig sind, setzen wir $\beta = \beta'$. $\qquad \square$

Übungsaufgaben

24. Beweisen Sie den Interpolationssatz für Aussagen mit Gleichheit und Funktionszeichen.
   Hinweis: Ersetzen Sie n-stellige Funktionszeichen durch $n + 1$-stellige Relationen (für den Graphen der Funktion) und verwende Lemma 4.6.

25. Die *Schnittregel*

$$\frac{\Delta \succ \Gamma \cup \{\varphi\},\ \Delta \cup \{\varphi\} \succ \Gamma}{\Delta \succ \Gamma}$$

ist gültig, weil die Konklusion allgemeingültig ist, wenn beide Prämissen allgemeingültig sind. Zeigen Sie die Gültigkeit der Schnittregel ohne Benutzung des Vollständigkeitssatzes durch Induktion über die Länge der Beweise der beiden Prämissen.

26. Es seien L_1 und L_2 zwei Sprachen und $L = L_1 \cap L_2$. Weiter seien T_1 und T_2 zwei konsistente L_1- bzw. L_2-Theorien, die die gleichen L-Aussagen beweisen. Zeigen Sie, daß $T_1 \cup T_2$ konsistent ist.

27. Sei L eine Sprache, $T(P)$ eine L-Theorie, deren Axiome zusätzlich ein neues einstelliges Prädikat P enthalten. $T(P)$ definiert P implizit, wenn

$$T(P) \cup T(P') \vdash \forall x\ (P(x) \leftrightarrow P'(x)).$$

Zeigen Sie den *Satz von Beth*[5] : Wenn $T(P)$ das Prädikat implizit definiert, dann auch explizit. Das heißt, für eine L-Formel $\pi(x)$ gilt

$$T(P) \vdash \forall x\, (P(x) \leftrightarrow \pi(x)).$$

Hinweis: Ersetzen Sie x durch eine neue Konstante und verwende den Interpolationssatz.

---

[5] Evert Willem Beth (1908–1964) Amsterdam. Mathematische Logik

Der Herbrandsche Satz

6

Definition

Eine universelle Formel hat die Form

$$\forall x_1 \ldots \forall x_n \psi,$$

wobei ψ eine quantorenfreie Formel ist. Existentielle Formeln haben die Form $\exists x_1 \ldots \exists x_n \psi$.

Zwei Formeln φ und ψ heißen *äquivalent*, wenn sie in allen Strukturen auf die gleichen Elemente zutreffen, oder anders gesagt, wenn $\varphi \leftrightarrow \psi$ allgemeingültig ist. Man sieht nun, daß die Negation einer universellen Formel $\forall x_1 \ldots \forall x_n \psi$ äquivalent zur existentiellen Formel $\exists x_1 \ldots \exists x_n \neg \psi$ ist. Die Negation einer existentiellen Formel ist äquivalent zu einer universellen Formel.

Satz (**Skolem-Normalform**) *Zu jeder L-Aussage φ kann man eine Spracherweiterung L^* und einen universellen L^*-Satz φ^* angeben, derart, daß φ in einer L-Struktur $\mathfrak{A}$ genau dann gilt, wenn sich $\mathfrak{A}$ zu einem Modell von φ^* expandieren läßt. φ ist also genau dann erfüllbar, wenn φ^* erfüllbar ist.*

Beweis Eine Formel ist in *pränexer* Normalform, wenn alle Quantoren am Anfang der Formel stehen, wenn also die Formel die Gestalt

$$Q_1 x_1 Q_2 x_2 \ldots Q_n x_n \psi$$

hat, mit quantorenfreiem ψ und $Q_i \in \{\exists, \forall\}$.

Man sieht leicht, daß sich in jeder Formel die Quantoren so nach vorne ziehen lassen, daß eine äquivalente Formel in pränexer Normalform entsteht. Man verwendet dabei die

Umformungen

$$\neg\, \exists \rightsquigarrow \forall \neg$$

$$\neg\, \forall \rightsquigarrow \exists \neg$$

$$(\varphi \wedge \exists x\, \psi) \rightsquigarrow \exists y \left(\varphi \wedge \psi \frac{y}{x} \right)$$

$$(\varphi \wedge \forall x\, \psi) \rightsquigarrow \forall y \left(\varphi \wedge \psi \frac{y}{x} \right)$$

Die Variable y soll dabei in φ und ψ nicht vorkommen.

Wir können also annehmen, daß φ pränex ist. Dann konstruieren wir φ^* durch Rekursion über die Zahl der Quantorenwechsel von φ. Sei

$$\varphi = \forall x_1 \ldots \forall x_m \exists y_1 \ldots \exists y_n \chi(x_1, \ldots, y_n),$$

wobei χ (höchstens) mit einem $\forall$-Quantor beginnt. Wir führen jetzt neue m-stellige Funktionszeichen $f_1, \ldots, f_n$ ein und sehen, daß φ genau in den Strukturen gilt, die sich zu einem Modell von

$$\varphi' = \forall x_1 \ldots \forall x_m\, \chi\big(x_1, \ldots, x_m, f_1(x_1, \ldots, x_m), \ldots, f_n(x_1, \ldots, x_m)\big)$$

expandieren lassen. Wenn $m = 0$, führen wir neue Konstanten ein. Wenn χ nicht quantorenfrei ist, hat φ' zwei Quantorenwechsel weniger als φ. Wir verfahren dann mit φ' ebenso und erhalten schließlich die Skolem-Normalform. $\square$

Man nennt die neu eingeführten Funktionszeichen in L^* *Skolemfunktionen.*

Beispiel
Sei

$$\varphi = \forall x\, \big(\exists y\; R(x, y) \wedge \forall z\, \exists w\; S(x, z, w)\big).$$

Die pränexe Normalform ist (z. B.)

$$\forall x\, \exists y\, \forall z\, \exists w\; \big(R(x, y) \wedge S(x, z, w)\big).$$

Der erste Umformungsschritt liefert

$$\forall x, z\, \exists w\; \big(R(x, f(x)) \wedge S(x, z, w)\big)$$

und der zweite

$$\varphi^* = \forall x, z\; \big(R(x, f(x)) \wedge S(x, z, g(x, z))\big).$$

Folgerung (Herbrand[1]**-Normalform**) *Zu jeder L-Aussage φ kann man eine Spracherweiterung L^* und einen existentiellen L^*-Satz φ_* angeben, der genau dann allgemeingültig ist, wenn φ allgemeingültig ist.*

Wichtig ist, daß man φ_* explizit angeben kann. Die reine Existenz ist trivial. Man nimmt für φ_* entweder $\exists x \; x \doteq x$ oder $\exists x \; \neg\, x \doteq x$, je nachdem ob φ erfüllbar ist oder nicht.

Beweis φ ist genau dann allgemeingültig, wenn $\neg \varphi$ nicht erfüllbar ist. Man setzt also $\varphi_* = \neg\,(\neg\,\varphi)^*$. Genauer gesagt, nehmen wir für φ_* eine existentielle äquivalente Umformung von $\neg\,(\neg\,\varphi)^*$. $\qquad\square$

▶ **Bemerkung** Wir finden immer ein φ_* ohne Gleichheitszeichen.

Beweis Wegen Lemma 4.6 können wir annehmen, daß φ kein Gleichheitszeichen enthält. Im eben konstruierten φ^* gibt es dann ebenfalls kein Gleichheitszeichen. $\qquad\square$

Für die Allgemeingültigkeit existentieller Aussagen gibt es ein einfaches Kriterium.

Satz (Herbrand, [14]) *Sei*

$$\varphi = \exists x_1 \ldots \exists x_n \psi(x_1, \ldots, x_n)$$

eine existentielle Aussage für eine Sprache L, die mindestens eine Konstante enthält. Dann ist φ genau dann allgemeingültig, wenn es konstante Terme

$$t_1^1, t_2^1, \ldots t_n^1 \ldots t_1^N, t_2^N, \ldots t_n^N$$

gibt, für die die quantorenfreie Aussage

$$\bigvee_{i=1}^{N} \psi(t^i) = \psi(t_1^1, t_2^1, \ldots t_n^1) \vee \cdots \vee \psi(t_1^N, t_2^N, \ldots t_n^N)$$

allgemeingültig ist.

Beweis Weil φ aus $\bigvee_{i=1}^{N} \psi(t^i)$ folgt, ist φ allgemeingültig, wenn $\bigvee_{i=1}^{N} \psi(t^i)$ allgemeingültig ist.

Nehmen wir umgekehrt an, an, daß

$$\bigwedge_{i=1}^{N} \neg\,\psi(t^i) = \neg\,\psi(t_1^1, t_2^1, \ldots t_n^1) \wedge \cdots \wedge \neg\,\psi(t_1^N, t_2^N, \ldots t_n^N)$$

---

[1] Jacques Herbrand (1908–1931) Paris. Klassenkörpertheorie, Beweistheorie

für jede beliebige Wahl der t_j^i erfüllbar ist. Dann ist die Theorie

$$T = \{\neg\,\psi(t_1,\ldots,t_n) \mid t_1,\ldots,t_n \text{ konstante Terme}\}$$

endlich erfüllbar. T hat nach dem Kompaktheitssatz ein Modell $\mathfrak{A}$. Sei $A_0 = \{t^{\mathfrak{A}} \mid t \text{ konstanter Term}\}$ die Menge der Elemente von A, die von konstanten Termen dargestellt werden. A_0 ist nicht-leer und unter den auf $\mathfrak{A}$ definierten Operationen abgeschlossen. Wenn wir die Interpretation von L in $\mathfrak{A}$ auf A_0 einschränken, erhalten wir also eine Unterstruktur (vgl. Aufgaben 1 und 28) $\mathfrak{A}_0$, in der $\forall x_1,\ldots,x_n\,\neg\,\psi(x_1\ldots x_n)$ gilt und φ daher falsch ist.   □

Beispiel
Wir betrachten die Aussage $\varphi = \exists w\forall x\,R(w,x) \rightarrow \forall z\exists y\,R(y,z)$. Eine pränexe Normalform ist $\forall w\exists x\forall z\exists y\,(\neg\,R(w,x) \vee R(y,z))$ und die Herbrand-Normalform $\varphi_* = \exists x\exists y\,(\neg\,R(c,x) \vee R(y,f(x)))$. Wenn wir x,y zum einen durch c,c und zum anderen durch $f(c),c$ ersetzen, erhalten wir die allgemeingültige Disjunktion

$$\big(\neg\,R(c,c) \vee R(c,f(c))\big) \vee \big(\neg\,R(c,f(c)) \vee R(c,f(f(c)))\big).$$

Also ist φ_* und daher auch φ allgemeingültig.

Wenn in ψ das Gleichheitszeichen nicht vorkommt, ist die Allgemeingültigkeit von $\bigvee_{i=1}^{N} \psi(t^i)$ ein reines Problem der Aussagenlogik. Eine quantorenfreie Aussage φ ohne Gleichheitszeichen ist genau dann allgemeingültig, wenn sie eine aussagenlogische Tautologie ist. Anders ausgedrückt: Man ersetzt jede in φ enthaltene Primformel $R(s_1,\ldots,s_m)$ durch eine Aussagenvariable $p_{R(s_1,\ldots,s_m)}$. Die resultierende aussagenlogische Formel ist genau dann allgemeingültig, wenn φ allgemeingültig ist. Wir werden im nächsten Kapitel eine geeignete Methode angeben, die Allgemeingültigkeit von aussagenlogischen Formeln der hier vorkommenden Art zu überprüfen.

Wenn man den Satz von Herbrand verwenden will, um die Allgemeingültigkeit einer Aussage $\varphi = \exists x_1\ldots\exists x_n\psi(x_1,\ldots,x_n)$ zu zeigen, sucht man Terme t_j^i, für die $\bigvee_{i=1}^{N} \psi(t^i)$ (aussagenlogisch) allgemeingültig wird. Die Terme wählt man so, daß genügend viele Formelpaare

$$R(s_1^1(x_1,\ldots,x_n),\ldots,s_k^1(x_1,\ldots,x_n))$$

und

$$R(s_1^2(x_1,\ldots,x_n),\ldots,s_k^2(x_1,\ldots,x_n)),$$

in ψ *gleich* werden, wenn man die x_j durch die t_j^1 bzw. t_j^2 ersetzt.

Man verwendet dazu die *Unifikationsmethode*. Seien

$$S^1(x_1,\ldots,x_n) = \big(s_1^1(x_1,\ldots,x_n),\ldots,s_k^1(x_1,\ldots,x_n)\big)$$

und

$$S^2(x_1, \ldots, x_n) = \big(s_1^2(x_1, \ldots, x_n), \ldots, s_k^2(x_1, \ldots, x_n)\big)$$

zwei gleichlange Folgen von Termen. Eine Termfolge $T = (t_1, \ldots, t_n)$ *unifiziert* S^1 und S^2, wenn

$$S^1(t_1, \ldots, t_n) = S^2(t_1, \ldots, t_n).$$

Satz (Unifikation) *Wenn S^1 und S^2 unifizierbar sind, gibt es eine* universelle *unifizierende Termfolge $U(y_1, \ldots, y_m)$. Das heißt, daß eine Termfolge T genau dann S^1 und S^2 unifiziert, wenn es Terme $t_1, \ldots, t_m$ gibt, sodaß*

$$T = U(t_1, \ldots, t_m).$$

Man kann U durch ein einfaches Verfahren finden, das gleichzeitig entscheidet, ob S^1 und S^2 unifizierbar sind.

Beweis Wir fassen das Paar S^1, S^2 als eine Menge

$$S(x_1, \ldots, x_n) = \{s_1^1 \doteq s_1^2, \ldots, s_k^1 \doteq s_k^2\}$$

von Gleichungen auf. T unifiziert S, wenn alle Gleichungen aus $S(T)$ allgemeingültig sind. Unser Unifikationsverfahren formt S in äquivalente Gleichungssysteme um. Dabei wenden wir, solange es geht, die folgenden Schritte A und B an.

Schritt A Wenn S eine Gleichung $f^1(t_1^1, \ldots, t_{l^1}^1) \doteq f^2(t_1^2, \ldots, t_{l^2}^2)$ enthält, gibt es zwei Möglichkeiten:

- Wenn $f^1 \neq f^2$, ist S nicht unifizierbar, und das Verfahren bricht ab.
- Wenn $f^1 = f^2$ (und daher $l^1 = l^2 = l$), ersetzen wir die Gleichung durch die Gleichungen $t_1^1 \doteq t_1^2, \ldots, t_l^1 \doteq t_l^2$.

Schritt B Wenn S eine Gleichung $x_i \doteq s$ enthält, gibt es drei Möglichkeiten:

- $s = x_i$. Dann streichen wir die Gleichung einfach.
- s ist ein zusammengesetzter Term, in dem x_i vorkommt. Dann ist S nicht unifizierbar, und das Verfahren bricht ab.
- x_i kommt in s nicht vor. Dann ersetzen wir in allen *anderen* Gleichungen die Variable x_i durch s.

Wenn das Verfahren nicht mit dem Ergebnis, daß eine Unifikation unmöglich sei, abbricht, hat das Gleichungssystem – nach Umnumerierung der Variablen – die Form

$$x_m \doteq u_m(x_1, \ldots, x_{m-1}), \ldots, x_n \doteq u_n(x_1, \ldots, x_{m-1})$$

für ein $1 \leq m \leq n + 1$. Die gesuchte universelle unifizierende Termfolge ist dann

$$x_1, \ldots, x_{m-1}, u_m, \ldots, u_n. \qquad \qquad \Box$$

Beispiel
Wir wollen die beiden Terme

$$k(x_1, x_1, x_4) \text{ und } k(f(c, g(x_2, x_3)), f(c, g(x_3, x_2)), k(x_3, x_2, x_1))$$

unifizieren. Wir beginnen also mit der Gleichung

$$k(x_1, x_1, x_4) \doteq k(f(c, g(x_2, x_3)), f(c, g(x_3, x_2)), k(x_3, x_2, x_1)).$$

Schritt A:

$$x_1 \doteq f(c, g(x_2, x_3))$$
$$x_1 \doteq f(c, g(x_3, x_2))$$
$$x_4 \doteq k(x_3, x_2, x_1)$$

Schritt B (ersetze x_1 durch $f(c, g(x_2, x_3))$):

$$x_1 \doteq f(c, g(x_2, x_3))$$
$$f(c, g(x_2, x_3)) \doteq f(c, g(x_3, x_2))$$
$$x_4 \doteq k(x_3, x_2, f(c, g(x_2, x_3)))$$

Schritt A:

$$x_1 \doteq f(c, g(x_2, x_3))$$
$$x_2 \doteq x_3$$
$$x_3 \doteq x_2$$
$$x_4 \doteq k(x_3, x_2, f(c, g(x_2, x_3)))$$

Schritt B (ersetze x_2 durch x_3):

$$x_1 \doteq f(c, g(x_3, x_3))$$
$$x_2 \doteq x_3$$
$$x_4 \doteq k(x_3, x_3, f(c, g(x_3, x_3)))$$

Es ergibt sich die universelle Lösung

$$f(c, g(x_3, x_3)), \; x_3, \; x_3, \; k(x_3, x_3, f(c, g(x_3, x_3))).$$

Folgerung *Sei $\psi(x_1, \ldots, x_n)$ eine quantorenfreie L-Formel ohne Gleichheitszeichen und N eine natürliche Zahl[2]. Man kann effektiv entscheiden, ob es konstante Terme*

$$t_1^1, t_2^1, \ldots t_n^1 \ldots t_1^N, t_2^N, \ldots t_n^N$$

gibt, für die

$$\bigvee_{i=1}^{N} \psi(t^i) = \psi(t_1^1, t_2^1, \ldots t_n^1) \vee \ldots \vee \psi(t_1^N, t_2^N, \ldots t_n^N)$$

allgemeingültig ist. $\qquad\qquad\qquad\qquad\qquad\qquad\qquad\qquad\qquad\qquad\qquad$ □

Übungsaufgaben

28. Sei $\mathfrak{B}$ eine Unterstruktur von $\mathfrak{A}$. Dann gilt für alle universellen $\varphi(x_1, \ldots, x_n)$ und alle $b_1, \ldots, b_n \in B$

$$\mathfrak{A} \vDash \varphi[b_1, \ldots, b_n] \;\Rightarrow\; \mathfrak{B} \vDash \varphi[b_1, \ldots, b_n].$$

29. Sei φ eine L-Aussage, φ^* eine Skolemnormalform und φ_* eine Herbrandnormalform von φ. Wir können annehmen, daß $L^* \cap L_* = L$. Zeigen Sie, daß $\vDash \varphi^* \to \varphi_*$. Gebe einen Interpolanten an.

30. Wenn die aussagenlogischen Formeln $f(p_1, \ldots, p_n)$ und $g(p_1, \ldots, p_n)$ äquivalent sind (vgl. Aufgabe 10), dann auch $f(\varphi_1, \ldots, \varphi_n)$ und $g(\varphi_1, \ldots, \varphi_n)$ für beliebige L-Formeln $\varphi_1, \ldots, \varphi_n$.

---

[2] Der Fall $N = 1$ impliziert sofort die Folgerung für beliebiges N. Wir haben diese Formulierung gewählt wegen des Zusammenhangs mit dem Satz von Herbrand.

Die Resolutionsmethode

7

Die Allgemeingültigkeit einer aussagenlogischen Formel f läßt sich feststellen, indem man überprüft, daß alle Belegungen der Variablen von f den Wahrheitswert **W** ergeben. Weil es $2^{\text{Zahl der Variablen}}$ viele Belegungen gibt, ist dieses Verfahren für große Formeln nicht praktikabel. Ob es überhaupt ein Verfahren zur Überprüfung der Allgemeingültigkeit aussagenlogischer Formeln gibt, dessen Schrittzahl durch ein Polynom in der Zahl der Variablen beschränkt ist, ist äquivalent zum $P = NP$-Problem der Informatik, das bis heute ungelöst ist. Siehe dazu [5].

Für große Disjunktionen kleiner Formeln, wie sie im Satz von Herbrand auftreten, hat die *Resolutionsmethode* eine gute Chance, einen kurzen Beweis der Allgemeingültigkeit zu finden. Man kann eine große Disjunktion kleiner Formeln leicht in disjunktive Normalform bringen,

$$\bigvee_{i=1}^{N} c_i, \tag{7.1}$$

(siehe Aufgabe 11), indem man alle Disjunktionglieder in disjunktive Normalform bringt. Die c_i sind Konjunktionen von (negierten) Variablen, sogenannten *Literalen*. Endliche Mengen von Literalen nennen wir *Klauseln*. Sei C_i die Klausel der Literale, aus denen c_i besteht, und $\mathcal{C}$ die Menge der C_i, dann läßt sich (7.1) schreiben als

$$\bigvee_{C \in \mathcal{C}} \bigwedge_{L \in C} L. \tag{7.2}$$

Wenn eine Belegung μ der Formel (7.2) den Wahrheitswert **W** gibt, sagen wir, daß μ die Menge $\mathcal{C}$ erfüllt. Eine Menge von Klauseln heißt allgemeingültig, wenn sei von allen Belegungen erfüllt wird. Wir lassen auch die leere Klauselmenge zu, die nicht erfüllbar ist, und die leere Klausel, die immer den Wahrheitswert **W** hat.

© Springer International Publishing Switzerland 2017

M. Ziegler, *Mathematische Logik*, Mathematik Kompakt, DOI 10.1007/978-3-319-44180-1_7

Definition

Sei p eine Variable, $C = \{p\} \cup P$ und $D = \{\neg\, p\} \cup Q$ zwei Klauseln. Dann ist $P \cup Q$ eine Resultante von C und D.

Satz (Die Resolutionsmethode, [22]) *Eine endliche Menge $\mathcal{C}$ von Klauseln ist genau dann allgemeingültig, wenn sich aus $\mathcal{C}$ durch sukzessives Bilden von Resultanten die leere Klausel ergibt.*

Die eine Richtung des Satzes ist klar: Wenn $\mathcal{C}'$ aus $\mathcal{C}$ durch Hinzufügen von Resultanten entsteht, werden $\mathcal{C}'$ und $\mathcal{C}$ von den gleichen Belegungen erfüllt. Wenn $\mathcal{C}'$ die leere Klausel enthält, ist $\mathcal{C}'$ allgemeingültig und darum auch $\mathcal{C}$.

Der Beweis der Umkehrung beruht auf folgender Beobachtung: Sei mit $\mathcal{C}|p = \mathbf{W}$ die Menge der Klauseln bezeichnet, die man aus $\mathcal{C}$ erhält, wenn man $p = \mathbf{W}$ setzt. Das heißt, daß man alle Klauseln, in denen $\neg\, p$ vorkommt, wegläßt und in den verbleibenden Klauseln alle Vorkommen von p streicht. Entsprechend sei $\mathcal{C}|p = \mathbf{F}$ definiert. Dann gilt das folgende Lemma.

Lemma   *1. Sei μ eine Belegung der Variablen von $\mathcal{C}$ und $\mu(p) = \mathbf{W}$. Dann erfüllt μ die Klauselmenge $\mathcal{C}$ genau dann, wenn sie die Menge $\mathcal{C}|p = \mathbf{W}$ erfüllt.*
2. Aus $\mathcal{C}$ ergibt sich durch sukzessives Bilden von Resultanten genau dann die leere Klausel, wenn das gleiche für $\mathcal{C}|p = \mathbf{W}$ und für $\mathcal{C}|p = \mathbf{F}$ gilt.

Beweis Die erste Behauptung ist klar. Zum Beweis der zweiten Behauptung nehmen wir zuerst an, daß man aus $\mathcal{C}|p = \mathbf{W}$ durch Bilden von Resultanten die leere Klausel erhält. Weil alle Formeln aus $\mathcal{C}|p = \mathbf{W}$ auch in $\mathcal{C}$ – eventuell mit einem zusätzlichen p – vorkommen, erhält man aus $\mathcal{C}$ durch Bilden von Resultanten die leere Klausel oder die Klausel $\{p\}$. Wenn außerdem $\mathcal{C}|p = \mathbf{F}$ die leere Klausel ergibt, wissen wir, daß sich aus $\mathcal{C}$ die leere Klausel oder $\{\neg\, p\}$ ergibt. Weil die leere Klausel aber Resultante von $\{p\}$ und $\{\neg\, p\}$ ist, haben wir eine Richtung der Behauptung bewiesen. Die Umkehrung brauchen wir nicht und überlassen sie dem Leser. □

Beweis der Umkehrung des Satzes Wir verwenden Induktion über die Anzahl der vorkommenden Variablen. Sei $\mathcal{C}$ allgemeingültig und p eine Variable von $\mathcal{C}$. Weil p in $\mathcal{C}|p = \mathbf{W}$ und $\mathcal{C}|p = \mathbf{F}$ nicht mehr vorkommt, folgt aus Teil 1 des Lemmas, daß $\mathcal{C}|p = \mathbf{W}$ und $\mathcal{C}|p = \mathbf{F}$ beide allgemeingültig sind. Nach Induktionsannahme ergibt sich also aus $\mathcal{C}|p = \mathbf{W}$ und $\mathcal{C}|p = \mathbf{F}$ jeweils die leere Klausel, also auch nach Teil 2 des Lemmas aus $\mathcal{C}$. □

Übungsaufgaben

31. Wie kann man von einer aussagenlogischen Formel in konjunktiver Normalform schnell entscheiden, ob sie allgemeingültig ist?
32. Vervollständigen Sie den Beweis von Teil 2 des Lemmas.
    Hinweis: Verwenden Sie den Resolutionssatz.

Alle Gegenstände der Mathematik sind Mengen oder auch Klassen von Mengen: Ein metrischer Raum zum Beispiel besteht aus einer Menge X und einer *Funktion* $d\colon X \times X \to \mathbb{R}$. Dabei ist $X \times X$ die Menge aller *Paare* (x, y) von Elementen $x, y \in X$. Ein Paar ist eine Menge, nämlich das Kuratowski-Paar

$$(x, y) = \{\{x\}, \{x, y\}\}.$$

Eine Funktion d ist die Menge aller Argument/Wert-Paare $(y, d(y))$.

Eine *reelle* Zahl $\alpha \in \mathbb{R}$ ist eine Äquivalenzklasse von Cauchyfolgen *rationaler* Zahlen. Eine *Folge* ist eine Abbildung, die auf der Menge der *natürlichen* Zahlen definiert ist. Eine rationale Zahl r kann aufgefaßt werden als die Menge aller *Tripel* $(m, n, s) = (m, (n, s))$ von natürlichen Zahlen mit $r = \frac{m-n}{s}$.

Inwiefern sind nun natürliche Zahlen Mengen? Die Zahl n sollte eine möglichst einfache Menge mit genau n Elementen sein. Also bietet sich die folgende rekursive Definition an:

$$n = \{0, 1, \ldots, n-1\}.$$

Das ist jeweils eine Definition für jede Zahl. Eine Definition für die Klasse aller natürlichen Zahlen geben wir in Kap. 9.

Das alles wird in der Zermelo-Fränkelschen Mengenlehre (ZFC) geschehen, der heute allgemein verwendeten Axiomatisierung der Mengenlehre. Für ein weiterführendes Lehrbuch verweise ich auf [16].

Die Axiome

8

Die Sprache der Mengenlehre ist $L_{Me} = \{\epsilon\}$. Man liest „$x \,\epsilon\, y$" als *x ist Element von y*.

Naive Mengenlehre

Versucht man Cantors[1] Definition

> *Unter einer ,Menge' verstehen wir jede Zusammenfassung M von bestimmten wohlunter-schiedenen Objekten m unserer Anschauung oder unseres Denkens (welche ,Elemente' von M genannt werden) zu einem Ganzen.* [2]

zu formalisieren, ergeben sich die Axiome der *Naiven Mengenlehre*. Das Extensionalitäts-axiom: Zwei Mengen sind gleich, wenn sie die gleichen Elemente haben, und das Schema der vollen Komprehension: Jede definierbare Klasse von Mengen ist die Klasse der Elemente einer Menge. In Formeln:

Axiom (Extensionalität)

$$\forall x, y \left(\forall z \, (z \,\epsilon\, x \leftrightarrow z \,\epsilon\, y) \rightarrow x \doteq y \right)$$

Axiom (Volle Komprehension)

Für alle Formeln $\varphi(x, y_1, \ldots, y_n)$

$$\forall y_1, \ldots, y_n \exists x \forall z \, (z \,\epsilon\, x \leftrightarrow \varphi(z, y_1, \ldots, y_n))$$

Die Axiome der vollen Komprehension sagen, daß für jede Formel $\varphi(z, y_1, \ldots, y_n)$ und fixierte Parameter $y_1, \ldots, y_n$ die Klasse

$$\{z \mid \varphi(z, y_1, \ldots, y_n)\}$$

eine Menge ist.

---

[1] Georg Cantor (1845–1918) Halle. Zahlentheorie, Analysis, Mengenlehre

© Springer International Publishing Switzerland 2017
M. Ziegler, *Mathematische Logik*, Mathematik Kompakt, DOI 10.1007/978-3-319-44180-1_8

Das System „aller Mengen" scheint tatsächlich diese Axiome zu erfüllen. Es gilt aber die *Russellsche Antinomie*:

Satz (Russell[2]) *Die Naive Mengenlehre ist inkonsistent.*

Beweis Betrachte die Formel $\varphi(x) = \neg\, x \in x$. Das Komprehensionsschema liefert dann das Axiom

$$\exists x \forall z\ (z \in x \leftrightarrow \neg\, z \in z).$$

Wenn aber x eine Menge mit $\forall z\ (z \in x \leftrightarrow \neg\, z \in z)$ ist, also

$$x = \{z \mid \neg\, z \in z\},$$

liefert die Einsetzung von x für z den Widerspruch $x \in x \leftrightarrow \neg\, x \in x$. □

Zermelo-Fränkel Mengenlehre

Es sind verschiedene Axiomensysteme für die Mengenlehre vorgeschlagen worden, die dieses Problem vermeiden (z. B. von Quine[3]: *New Foundation*). Durchgesetzt hat sich

$$\text{ZFC,}$$

die nach ihren Erfindern Zermelo[4] und Fränkel[5] und nach „choice", dem Auswahlaxiom benannt ist.

Hier ist die Liste der Axiome, die wir im folgenden diskutieren:

- Extensionalität
- Aussonderung
- Paarmenge
- Vereinigung
- Potenzmenge
- Ersetzung
- Fundierung
- Unendlichkeit
- Auswahl

---

[2] Bertrand Russell (1872–1970) Großbritannien, USA. Mathematische Logik, Philosophie, Nobelpreis für Literatur 1950
[3] William Van Orman Quine (1908–2000) Harvard. Philosophie, Mengenlehre. Quines Paradoxon: *"'Yields falsehood when preceded by its quotation"' yields falsehood when preceded by its quotation.*
[4] Ernst Zermelo (1871–1953) Freiburg. Mengenlehre
[5] Abraham Fränkel (1891–1965) Jerusalem. Mengenlehre

ZFC enthält natürlich das Extensionalitätsaxiom:

Axiom (Extensionalität)

$$\forall x, y \left(\forall z \, (z \in x \leftrightarrow z \in y) \rightarrow x \doteq y \right)$$

Wir führen „$x \subset y$" als Abkürzung für die Formel $\forall z \, (z \in x \rightarrow z \in y)$ ein, gelesen als „x ist Teilmenge von y". Das Extensionalitätsaxiom ist dann gleichbedeutend mit

$$\forall x, y \, (x \subset y \wedge y \subset x) \rightarrow x \doteq y.$$

Dann folgen fünf Spezialfälle der vollen Komprehension.

Axiom (Aussonderung)

$$\forall y_0, \ldots, y_n \exists x \forall z \left(z \in x \leftrightarrow (z \in y_0 \wedge \varphi(z, y_1, \ldots, y_n)) \right)$$

Das Aussonderungsaxiom erlaubt es zum Beispiel den Durchschnitt

$$x \cap y = \{ z \in x \mid z \in y \}$$

und die Differenz

$$x \setminus y = \{ z \in x \mid \neg z \in y \}$$

von zwei Mengen zu bilden. Es ergibt sich auch die Existenz der leeren Menge.

$$\emptyset = \{ z \mid \neg z \doteq z \}$$

Für eine beliebige Menge[6] x ist nämlich $\emptyset = \{ z \in x \mid \neg z \doteq z \}$.

Die Russellsche Antinomie wird jetzt ein Theorem von ZFC:

▶ **Bemerkung** In ZFC ist beweisbar, daß die Klasse V aller Mengen keine Menge ist. Formal:

$$\text{ZFC} \vdash \neg \exists x \forall z \, z \in x$$

Beweis Sonst wäre nach dem Aussonderungsaxiom die Russellsche Klasse

$$\{ z \mid \neg z \in z \} = \{ z \in V \mid \neg z \in z \}$$

ebenfalls eine Menge, was sofort zu einem Widerspruch führt. $\qquad\qquad$ □

---

[6] Daß es überhaupt eine Menge gibt, ist eine logische Grundannahme: Das Universum einer Struktur ist niemals leer.

Axiom (Paarmenge)

$$\forall y_1, y_2 \exists x \forall z \; z \in x \leftrightarrow (z \doteq y_1 \vee z \doteq y_2)$$

Das Paarmengenaxiom drückt aus, daß

$$\{x, y\} = \{z \mid z \doteq x \vee z \doteq y\}$$

eine Menge ist, die aus x und y gebildete *Paarmenge*.

Definition

Das geordnete Paar von zwei Mengen x und y ist die Menge

$$(x, y) = \{\{x\}, \{x, y\}\}.$$

(x, y) heißt *Kuratowski[7]-Paar*.

Lemma *In ZFC ist beweisbar*

$$\forall x, y, x', y' \; (x, y) \doteq (x', y') \; \rightarrow \; x \doteq x' \wedge y \doteq y'. \qquad \square$$

Das Vereinigungsmengenaxiom ist

Axiom (Vereinigung)

$$\forall y \exists x \forall z \; z \in x \; \leftrightarrow \; \exists w \, (z \in w \wedge w \in y).$$

Gefordert wird die Existenz von

$$\bigcup y = \{z \mid \exists w \, (z \in w \wedge w \in y)\},$$

der Vereinigung der Elemente von y. Aus dem Paarmengenaxiom und dem Vereinigungs-mengenaxiom folgt die Existenz der Vereinigung von zwei Mengen:

$$x \cup y = \bigcup \{x, y\}.$$

Man definiert rekursiv über n

$$\{y_1, y_2, \dots, y_{n+1}\} = \{y_1, \dots, y_n\} \cup \{y_{n+1}\}.$$

---

[7] Kazimierz Kuratowski (1896–1980) Warschau. Topologie, Mengenlehre

Das Potenzmengenaxiom

Axiom (Potenzmenge)

$$\forall y \exists x \forall z \ \ z \in x \ \leftrightarrow \ z \subset y$$

postuliert die Existenz der *Potenzmenge* von y

$$\mathfrak{P}(y) = \{z \mid z \subset y\}.$$

Lemma   *Aus den Axiomen von ZFC folgt für alle a und b die Existenz des direkten Produktes*

$$a \times b = \{(x, y) \mid x \in a \land y \in b\}.$$

Beweis Wenn $x \in a$ und $y \in b$, sind $\{x\}$ und $\{x, y\}$ Elemente von $\mathfrak{P}(a \cup b)$. Dann ist $(x, y) = \{\{x\}, \{x, y\}\}$ ein Element von $\mathfrak{P}(\mathfrak{P}(a \cup b))$. Es folgt, daß $\{(x, y) \mid x \in a \land y \in b\}$ eine definierbare Teilklasse von $\mathfrak{P}(\mathfrak{P}(a \cup b))$ ist. Also eine Menge nach dem Aussonderungsaxiom. $\square$

Wir definieren Tripel durch

$$(x, y, z) = ((x, y), z)$$

und $a \times b \times c = \{(x, y, z) \mid x \in a, \ y \in b, \ z \in c\}$. Entsprechend Viertupel usw.
    Eine *Relation* ist nun eine Menge von Paaren. Der Definitionsbereich von R ist

$$\mathrm{dom}(R) = \{x \mid \exists y \ (x, y) \in R\},$$

der Bildbereich

$$\mathrm{Im}(R) = \{y \mid \exists x \ (x, y) \in R\}.$$

Definitions- und Bildbereich sind Mengen, weil sie Teilklassen von $\bigcup \bigcup R$ sind:

$$\{\{x\}, \{x, y\}\} \in R \ \Rightarrow \ \{x, y\} \in \bigcup R \ \Rightarrow \ x, y \in \bigcup \bigcup R.$$

Eine *Funktion* f ist eine rechtseindeutige Relation:

$$\forall x, y_1, y_2 \ (x, y_1) \in f \land (x, y_2) \in f \ \rightarrow \ y_1 = y_2.$$

Wir identifizieren also eine Funktion mit ihrem Graphen. Man schreibt dann

$$f(x) = y$$

für $(x, y) \in f$. Wenn $x \notin \mathrm{dom}(f)$, setzen wir $f(x) = \emptyset$. Die Schreibweise

$$f : a \to b$$

bedeutet $\mathrm{dom}(f) = a$ und $\mathrm{Im}(f) \subset b$. Wenn wir b nicht spezifizieren wollen, schreiben wir $f : a \to V$.

$$f \restriction c = f \cap (c \times b)$$

ist die Einschränkung von f auf c.

$$f[c] = \{f(x) \mid x \in c\}$$

ist der Bildbereich von $f \restriction c$.

Axiom (Ersetzung)

$$\forall y, \overline{w} \Big(\forall u \exists! z\, \varphi(u, z, \overline{w}) \;\; \to \;\; \exists x \forall z \big(z \in x \leftrightarrow \exists u (u \in y \wedge \varphi(u, z, \overline{w})) \big) \Big)$$

$\overline{w}$ steht hier für ein Tupel von Variablen. $\exists!\, \varphi(x)$, *es gibt genau ein x* ..., steht für $\exists x \big(\varphi(x) \wedge \forall x'(\varphi(x') \to x \doteq x') \big)$.

Die Voraussetzung $\forall u \exists! z\, \varphi(u, z, \overline{w})$ bedeutet, daß die Klasse

$$F = \{(u, z) \mid \varphi(u, z, \overline{w})\}$$

ein *Funktional* $F : V \to V$ definiert. Das Ersetzungsaxiom behauptet, daß für alle y das Bild $F[y]$ wieder eine Menge ist.

Als ein Beispiel überlegen wir, wie wir ohne Verwendung des Potenzmengenaxioms die Existenz von $a \times b$ aus dem Ersetzungsaxiom schließen können: Wir halten zunächst x fest. Dann gilt offenbar

$$\forall u \exists! z\, z \doteq (x, u).$$

Also gibt es eine Menge, die genau aus den (x, u) mit $u \in b$ besteht. Diese Menge ist natürlich $\{x\} \times b$. Eine zweite Anwendung des Ersetzungsaxioms liefert die Existenz von $c = \{\{x\} \times b \mid x \in a\}$. Schließlich ist $a \times b = \bigcup c$.

Ein zweites Beispiel: Mit Hilfe des Ersetzungsaxiom sieht man leicht, daß die *inverse* Relation

$$R^{-1} = \{(y, x) \mid (x, y) \in R\}$$

eine Menge ist.

Eine Funktion $f : a \to b$ heißt

- *surjektiv*, wenn $\text{Im}(f) = b$,
- *injektiv*, wenn f^{-1} eine Funktion ist,
- *bijektiv*, wenn f injektiv und surjektiv ist.

Surjektivität und Bijektivität sind nicht Eigenschaften von f allein, sondern Eigenschaften des Paares f, b.

Exkurs über definitorische Erweiterungen Die Einführung von neuen Relations– und Funktionszeichen

Sei T eine L-Theorie und $\varphi(x_1, \ldots, x_n)$ eine Formel. Wenn wir für φ ein neues (n-stelliges) Relationszeichen R einführen, erweitern wir L zu $L' = L \cup \{R\}$ und T zu $T' = T \cup \{\forall x_1, \ldots, x_n \, R(x_1, \ldots, x_n) \leftrightarrow \varphi(x_1, \ldots, x_n)\}$. Es ist klar, daß T' sich nicht wesentlich von T unterscheidet. Erstens ist T' eine *konservative Erweiterung* von T; das heißt, daß jede L-Aussage, die in T' beweisbar ist, auch in T beweisbar ist. Zweitens ist jede L'-Formel zu einer L-Formel T'-beweisbar äquivalent.

Die Einführung neuer Funktionszeichen beschreiben wir in einem Satz.

> **Satz 8.1** *In T sei beweisbar, daß φ eine Funktion definiert, also*
>
> $$T \vdash \forall x_1, \ldots, x_n \exists! x_0 \varphi(x_0, \ldots, x_n).$$
>
> *Sei f ein neues n-stelliges Funktionszeichen und $L' = L \cup \{f\}$. Dann ist die L'-Theorie*
>
> $$T' = T \cup \{\forall x_1, \ldots, x_n \varphi(f(x_1, \ldots, x_n), x_1, \ldots, x_n)\}$$
>
> *eine konservative Erweiterung von T. Darüberhinaus gibt es zu jeder L'-Formel ψ eine L-Formel ψ^* mit $T' \vdash \psi \leftrightarrow \psi^*$.*

Beweis Ein T-Modell $\mathfrak{A}$ läßt sich (in genau einer Weise) zu einem T'-Modell erweitern, indem man f durch die Funktion interpretiert, die $a_1, \ldots, a_n$ das a_0 zuordnet, für das $\mathfrak{A} \models \varphi[a_0, \ldots, a_n]$. Daraus folgt, daß T' eine konservative Erweiterung ist.

Die Übersetzung ψ^* definiert man leicht rekursiv über den Aufbau von ψ. Etwas schwerer ist nur der Fall, daß ψ eine Primformel ist. Sei also zum Beispiel $\psi = R(t_0, t_1)$. Wenn f zum Beispiel in t_0 vorkommt, wählen wir paarweise verschiedene Variable $y_0, \ldots, y_n$, die in den t_i nicht vorkommen, und schreiben

$$t_0 = s_0 \frac{f s_1 \ldots s_n}{y_0}$$

für geignete Terme $t_0 \neq s_0, s_1 \ldots, s_n$. Dann ist

$$\psi' = \exists y_0, \ldots, y_n \big(\varphi(y_0, \ldots, y_n) \wedge \bigwedge_{i=1}^{n} y_i \doteq s_i \wedge R(s_0, t_1) \big)$$

äqivalent zu ψ und enthält ein f weniger.   □

Satz 8.1 ist auch sinnvoll für $n = 0$. Wir führen dann allerdings kein Funktionszeichen, sondern eine neue Konstante ein.

Definition

Eine Erweiterung einer Theorie durch definierte Relationszeichen, Funktionszeichen und Konstanten heißt definitorische Erweiterung.

Man kann leicht zeigen, daß konservative Erweiterungen T', für die jede L'-Formel zu einer L-Formel T'-beweisbar äquivalent ist, definitorisch sind (Aufgabe 33).

Beispiele

Relationszeichen:[8]	$x \subset y$	$f : a \to b$	
Funktionszeichen:	$\{z \in x \mid \varphi(z, y_1, \ldots, y_n)\}$	$x \cup y$	$x \cap y$
	$x \setminus y$	$\bigcup y$	$\mathfrak{P}(y)$
	$\{x, y\}$	$\{y_1, \ldots, y_n\}$	(x, y)
	$x \times y$	$\mathrm{dom}(R)$	$\mathrm{Im}(R)$
	R^{-1}	$f(x)$	$f[x]$
	$f \restriction y$		
Konstantenzeichen:	$\emptyset$		

Folgerung *Aussonderungsaxiom und Ersetzungsaxiom bleiben gültig, wenn φ neu eingeführte Relationszeichen, Funktionszeichen und Konstanten enthält.*

In unserer Mengenlehre sind die Elemente von Mengen wieder Mengen. Demgemäß sind die einzigen Mengen, die wir konkret angeben können, letztlich aus der leeren Mengen aufgebaut: $\emptyset, \{\emptyset, \{\emptyset\}\}$, usw. Wir nennen eine aus der leeren Menge aufgebaute Menge *fundiert*. Die folgende Definition ist noch unpräzise, weil wir den Begriff der unendlichen Folge noch nicht haben.

---

[8] Für Funktionen $a \to b$ verwenden wir das gleiche Zeichen wie für die Implikation!

Definition (informell)

Eine Menge x heißt fundiert, wenn jede bei x anfangende absteigende $\in$-Kette

$$x \ni y_0 \ni y_1 \ni \ldots$$

nach endlich vielen Schritten abbricht.

Das Fundierungsaxiom drückt aus, daß jede Menge fundiert ist:

Axiom (Fundierung)

$$\forall x (\neg\, x \doteq \emptyset \;\to\; \exists z \in x\; z \cap x \doteq \emptyset)$$

Das läßt sich (informell[9]) folgendermaßen einsehen: Wenn x das Axiom nicht erfüllt, hat jedes Element von x ein Element, das wieder zu x gehört. Man findet also (mit dem Auswahlaxiom) eine unendliche $\in$-Kette von Elementen von x. Wenn umgekehrt $y_0 \ni y_1 \ldots$ eine unendliche $\in$-Kette ist, verletzt $x = \{y_0, y_1, \ldots\}$ das Fundierungsaxiom.

Folgerung *Eine Menge kann sich nicht selbst als Element enthalten.*   □

Daraus ergibt sich ein zweiter Beweis dafür, daß V keine Menge ist. Sonst wäre nämlich $V \in V$.

Es gibt drei Rechtfertigungen für die Annahme des Fundierungsaxioms:

1. Unheimliche Mengen, wie solche, die sich selbst als Element enthalten, werden ausgeschlossen.
2. Man kann mit Hilfe der übrigen Axiome zeigen, daß es zu jeder Menge eine Bijektion mit einer fundierten Menge gibt. Fundierte Mengen genügen also, um Mathematik zu betreiben.
3. Sei (M, E) ein Modell aller Axiome von ZFC bis auf das Fundierungsaxiom. Setze $N = \{m \in M \mid |(M, E) \vDash m \text{ ist fundiert}\}$. Dann ist $(N, E \cap N^2)$ ein Modell von ZFC, das zusätzlich das Fundierungsaxiom erfüllt.

Die letzten beiden Axiome diskutieren wir in den nächsten Kapiteln.

Axiom (Unendlichkeit)

$$\exists x \big(\emptyset \in x \;\wedge\; \forall z \in x\; z \cup \{z\} \in x\big)$$

---

[9] Man kann diese Schlußweise erst präzise machen, wenn im nächsten Kapitel die natürlichen Zahlen eingeführt sind.

Axiom (Auswahl)

$$\forall x \left(\neg \emptyset \in x \;\rightarrow\; \exists f : x \rightarrow V \;\; \forall z \in x \; f(z) \in z \right)$$

Übungsaufgaben

33. Sei T' eine konservative Erweiterung von T und jede L'-Formel zu einer L-Formel T'-beweisbar äquivalent. Dann ist T' äquivalent zu einer definitorischen Erweiterung von T. (Zwei Theorien heißen *äquivalent*, wenn sie die gleichen Modelle haben.)

34. Zeigen Sie, daß das Paarmengenaxiom aus dem Ersetzungsaxiom, dem Potenzmengenaxiom und der Existenz der leeren Menge folgt.

35. Sei $\mathfrak{P}_{<w}(\mathbb{N})$ die Menge der endlichen Teilmengen von $\mathbb{N}$ und $\beta \colon \mathbb{N} \rightarrow \mathfrak{P}_{<w}(\mathbb{N})$ eine Bijektion. Definiere $m E_\beta n \iff m \in \beta(n)$ und betrachte die L_{Me}-Struktur $(\mathbb{N}, E_\beta)$.
    1. Welche Axiome von ZFC gelten in $(\mathbb{N}, E_\beta)$?
    2. Für die Bijektion

    $$\beta(2^{n_1} + \cdots + 2^{n_k}) = \{n_1, \ldots, n_k\} \quad \text{(paarweise verschiedene } n_i)$$

    ist $(\mathbb{N}, E_\beta)$ *fundiert*: es gibt keine unendliche absteigendende Kette

    $$\cdots n_{-3} \, E_\beta \, n_{-2} \, E_\beta \, n_{-1} \, E_\beta \, n_0$$

    3. Geben Sie ein β an, für das $(\mathbb{N}, E_\beta)$ nicht das Fundierungsaxiom erfüllt.
    4. Geben Sie ein β an, für das $(\mathbb{N}, E_\beta)$ nicht fundiert ist aber trotzdem das Fundierungsaxiom erfüllt.
    Hinweis: Ersetzen Sie $\mathbb{N}$ durch $\mathbb{Z}$ und finde eine geeignete Bijektion $\beta \colon \mathbb{Z} \rightarrow \mathfrak{P}_{<\omega}(\mathbb{Z})$ mit $m \in \beta(n) \Rightarrow m < n$.
    5. Zeigen Sie, daß alle fundierten $(\mathbb{N}, E_\beta)$ isomorph sind.

36. Wenn ZFC konsistent ist, hat ZFC ein Modell, das nicht fundiert ist.
    Hinweis: Verwenden Sie die Tatsache, daß es beliebig lange endliche $\in$-Ketten gibt, und den Kompaktheitssatz.

Die natürlichen Zahlen

Die rekursive Definition

$$\underline{n} = \{\underline{0}, \underline{1}, \ldots, \underline{n-1}\}$$

ordnet jeder natürlichen Zahl n eine Menge $\underline{n}$ zu. Es ist zum Beispiel

$$\underline{0} = \emptyset$$
$$\underline{1} = \{\emptyset\}$$
$$\underline{2} = \{\emptyset, \{\emptyset\}\}$$
$$\underline{3} = \{\emptyset, \{\emptyset\}, \{\emptyset, \{\emptyset\}\}\}$$

Wir schreiben im folgenden $s(x)$ für den *Nachfolger* $x \cup \{x\}$ von x. In ZFC ist dann für alle n beweisbar, daß

$$\underline{n+1} = s(\underline{n}).$$

Man zeigt leicht durch Induktion:

Lemma *Wenn $m < n$ ist*

$$\text{ZFC} \vdash \neg\, \underline{m} \doteq \underline{n}. \qquad\qquad \square$$

Folgerung *Für alle n, m ist*

$$m < n \quad \Longrightarrow \quad \text{ZFC} \vdash \underline{m} \in \underline{n}$$
$$m \geq n \quad \Longrightarrow \quad \text{ZFC} \vdash \neg\, \underline{m} \in \underline{n}$$

Weil wir noch nicht wissen, wie man rekursive Definitionen in ZFC formalisiert, ist dadurch der formale Begriff *natürliche Zahl* noch nicht definiert. Wir brauchen dazu:

© Springer International Publishing Switzerland 2017

M. Ziegler, *Mathematische Logik*, Mathematik Kompakt, DOI 10.1007/978-3-319-44180-1_9

Definition

Sei $<$ eine Relation auf a (also eine Teilmenge von $a \times a$).

1. $<$ ist eine partielle Ordnung , wenn

   a) $<$ irreflexiv ist: $\neg \, x < x$ für alle $x \in a$.
   b) $<$ transitiv ist: $x < y \wedge y < z \rightarrow x < z$ für alle $x, y, z \in a$.

2. Eine partielle Ordnung $<$ auf a heißt linear, wenn für alle $x, y \in a$

$$x < y \vee x \doteq y \vee y < x.$$

Definition

Eine Menge x heißt transitiv, wenn alle ihre Elemente auch Teilmengen sind:

$$z \in y \in x \ \rightarrow \ z \in x.$$

x ist genau dann transitiv, wenn $\bigcup x \subset x$.

Definition

x heißt natürliche Zahl, wenn

1. x transitiv ist,
2. $\in$ eine lineare Ordnung auf x definiert
3. und jede nicht-leere Teilmenge von x bezüglich dieser Ordnung ein kleinstes und ein größtes Element besitzt.

Daß jede nicht-leere Teilmenge von x ein bezüglich $\in$ minimales Element hat, folgt schon aus dem Fundierungsaxiom und brauchte in der Definition nicht eigens gefordert zu werden. Wir haben diese Bedingung einerseits aufgenommen, weil eine Menge mit einer linearen Ordnung genau dann endlich (siehe Kap. 10) ist, wenn jede nicht-leere Teilmenge ein kleinstes und ein größtes Element hat. Anderseits hat man so auch in Abwesenheit des Fundierungsaxioms die richtige Definition.

$\in$ ist schon eine lineare Ordnung von x, wenn die Elemente von x bezüglich $\in$ vergleichbar sind. Denn $\in$ ist irreflexiv nach dem Fundierungsaxiom. $\in$ ist transitiv auf x, weil $a \in b \in c \in x$ zur Folge hat, daß $a \neq c$ und $c \notin a$ und daher $a \in c$.

Lemma 9.1 *In ZFC ist beweisbar:*

1. *Elemente einer natürliche Zahl sind natürlichen Zahlen.*
2. *$\underline{0}$ ist eine natürliche Zahl. Wenn x eine natürliche Zahl ist, ist auch $\mathrm{s}(x)$ eine natürliche Zahl.*
3. *Jede natürliche Zahl $\neq \underline{0}$ hat die Form $\mathrm{s}(y)$ für eine natürliche Zahl y.*

2. impliziert, daß alle $\underline{n}$ natürliche Zahlen sind. Aus 3. folgt (informell), daß man jede natürliche Zahl aus $\emptyset$ mit endlichen vielen Anwendungen der Operation s gewinnen kann.

Beweis 1. Sei x eine natürliche Zahl und y ein Element von x. Die Relation $\in$ ordnet y ebenfalls linear, und jede nicht-leere Teilmenge von y hat bezüglich $\in$ ein kleinstes und ein größtes Element. Zu zeigen bleibt, daß y transitiv ist. Das folgt aber sofort aus der Transitivität von $\in$ auf x.

2. Leicht.

3. Wenn die natürliche Zahl x nicht leer ist, hat x ein $\in$-größtes Element y. Es ist also

$$x = \{z \mid z \in y \vee z \doteq y\} = \mathrm{s}(y). \qquad \square$$

Wir bezeichnen mit ω die Klasse der natürlichen Zahlen.

Lemma ω *ist eine Menge.*

Beweis Sei x eine Menge wie im Unendlichkeitsaxiom. Wir zeigen, daß ω eine Teilmenge von x ist. Die Behauptung folgt dann aus dem Aussonderungsaxiom. Nehmen wir an, es gäbe ein a aus $\omega \setminus x$. Sei b das kleinste Element von $\mathrm{s}(a)$, das nicht zu x gehört. Dann sind alle Elemente von b (die ja selbst wieder zu ω gehören) Elemente von x. Weil $b \notin x$, ist b nicht leer. Also hat b die Form $\mathrm{s}(c)$. Dann ist $c \in x$, woraus aber auch $b \in x$ folgt. Ein Widerspruch. $\qquad \square$

Aus dem Beweis folgt

Folgerung (Induktion) *Eine Menge von natürlichen Zahlen, die $\underline{0}$ enthält und unter s abgeschlossen ist, besteht aus allen natürlichen Zahlen.*

Wir schreiben $<$ für die $\in$-Relation zwischen natürlichen Zahlen.

Lemma   *1. $<$ ist eine lineare Ordnung auf ω. Jede nicht-leere Teilmenge von ω hat ein kleinstes Element.*
2. Für alle $n \in \omega$ ist $\mathrm{s}(n)$ der unmittelbare Nachfolger von n, also die kleinste Zahl größer als n.
3. Alle $n > \underline{0}$ haben einen unmittelbaren Vorgänger.

1. besagt, daß $<$ eine *Wohlordnung* auf ω ist.

Beweis Alle Aussagen sind leicht zu beweisen, außer der Vergleichbarkeit von je zwei natürlichen Zahlen. Sei also $m \in \omega$ festgehalten. Wir zeigen durch Induktion, daß alle $n \in \omega$ mit m vergleichbar sind.

Zuerst müssen wir zeigen, daß $\underline{0}$ mit m vergleichbar ist. Wenn $m \neq \underline{0}$, hat m ein kleinstes Element m_0. Weil die Elemente von m_0 auch Elemente von m sind, muß $m_0 = \underline{0}$ sein.

Jetzt nehmen wir an, daß n mit m vergleichbar ist, und zeigen, daß auch $\mathrm{s}(n)$ mit m vergleichbar ist. Das ist klar, wenn $m \leq n$.[1] Wenn $n < m$, sei n_0 der unmittelbare Nachfolger von n in der linearen Ordnung von $\mathrm{s}(m)$. Es ist also $n_0 \leq m$, und die Elemente von n_0 sind genau die Elemente von n und n selbst. Das heißt aber $n_0 = \mathrm{s}(n)$ und daher $\mathrm{s}(n) \leq m$. $\qquad\square$

Um $+$ und $\cdot$ definieren zu können, brauchen wir den Rekursionssatz für ω.

Satz (Rekursionssatz) *Seien zwei Funktionen $g : A \to B$ und $h \colon A \times \omega \times B \to B$ gegeben. Dann existiert ein, eindeutig bestimmtes, $f \colon A \times \omega \to B$ mit*

$$f(a, \underline{0}) = g(a)$$
$$f(a, \mathrm{s}(n)) = h(a, n, f(a, n))$$

für alle $a \in A$ und $n \in \omega$

Beweis Wir halten $a \in A$ fest. Man zeigt leicht durch Induktion über m, daß es für alle $m \in \omega$ genau ein $f' \colon \mathrm{s}(m) \to B$ gibt mit $\varphi(a, m, f')$, wobei

$$\varphi(a, m, f') = \big(f'(\underline{0}) \doteq g(a) \wedge \forall n < m \ f'(\mathrm{s}(n)) \doteq h(a, n, f'(n))\big).$$

Wir definieren jetzt

$$f = \big\{(a, m, b) \in (A \times \omega \times B) \bigm| \exists f' \ \varphi(a, m, f') \wedge f'(m) \doteq b\big\}. \qquad\square$$

Definition

Addition $+ \colon \omega \times \omega \to \omega$ und Multiplikation $\cdot \colon \omega \times \omega \to \omega$ werden definiert durch die Rekursionsgleichungen

$$a + \underline{0} = a$$
$$a + \mathrm{s}(n) = \mathrm{s}(a + n)$$
$$a \cdot \underline{0} = \underline{0}$$
$$a \cdot \mathrm{s}(n) = (a \cdot n) + a.$$

---

[1] Hier und später ist $x \leq y$ eine Abkürzung für $x < y \vee x \doteq y$.

Rechenregeln wie

$$m + n = n + m$$

beweist man leicht durch Induktion (siehe Aufgabe 37).

37. Zeigen Sie in ZFC, daß $(\omega, +, \cdot)$ ein unitärer kommutativer Halbring ist. Das heißt, daß die Körperaxiome Nr. 1, 2, 4, 5, 6, 7, 8 in Kap. 1 gelten.

38. Sei $\mathfrak{M}$ ein Modell von ZFC. Ein Element a von $\mathfrak{M}$ heißt *nichtstandard natürliche Zahl*, wenn $\mathfrak{M} \vDash a \,\epsilon\, \omega$, aber $\mathfrak{M} \vDash \neg a \doteq \underline{n}$ für alle $n = 0, 1, \dots$
Zeigen Sie:
   1. Wenn ZFC konsistent ist, gibt es ein Modell mit nichtstandard natürlichen Zahlen.
   2. Es gibt in $\mathfrak{M}$ keine kleinste nichtstandard natürliche Zahl.

39. Beweisen Sie den Satz von Schröder[2]-Bernstein[3]: Seien $f : A \to B$ und $g : B \to A$ Injektionen. Dann gibt es eine Bijektion $h : B \to A$.
Hinweis: Wir können annehmen, daß A eine Teilmenge von B und f die Inklusionsabbildung ist. Sei $C = \{g^n(x) \mid n \in \omega, x \in B \setminus A\}$. Setze $h(c) = g(c)$ für $c \in C$ und $h(y) = y$ für $y \in B \setminus C$.
Der Satz von Schröder-Bernstein folgt sofort aus Lemma 10.3, das (in der Definition der Mächtigkeit) das Auswahlaxiom verwendet. Der hier vorgeschlagene Beweis kommt ohne das Auswahlaxiom aus.

---

[2] Ernst Schröder (1841–1902) Karlsruhe. Funktionentheorie, Mathematische Logik
[3] Felix Bernstein (1878–1956) Göttingen. Mengenlehre, Statistik

Ordinalzahlen und Kardinalzahlen

10

Definition

Eine Ordinalzahl ist eine transitive Menge, die durch $\in$ linear geordnet wird.

Alle natürlichen Zahlen und ω selbst sind Ordinalzahlen. Wir bezeichnen mit On die Klasse der Ordinalzahlen.

Lemma *1. On wird durch $\in$ linear geordnet. (Wir nennen diese lineare Ordnung $<$.)*
2. Jede nicht-leere Teilklasse von On hat ein minimales Element.
3. Jede Ordinalzahl α ist die Menge ihrer Vorgänger:

$$\alpha = \{\beta \in \text{On} \mid \beta < \alpha\}$$

4. On ist keine Menge.

Beweis Sei $S \subsetneq \alpha$ ein echtes Anfangsstück (d. h. $x < y \in S \rightarrow x \in S$) von α und $\beta \in \alpha$ das kleinste Element von $\alpha \setminus S$. Dann ist offensichtlich $\beta = S$. Wenn nun α und β zwei Ordinalzahlen sind, ist $S = \alpha \cap \beta$ ein Anfangsstück von α und β. S kann nicht sowohl von α als auch von β verschieden sein, weil sonst S selbst ein Element von α und β sein müßte. Wenn aber $S = \alpha$, ist $\alpha \le \beta$, und, wenn $S = \beta$, ist $\beta \le \alpha$. Daraus folgt, daß alle Ordinalzahlen vergleichbar sind. Wie in Kap. 9 (vor Lemma 9.1) folgt, daß $\in$ die Klasse aller Ordinalzahlen linear ordnet.

Daß jede nicht-leere Teilklasse von On ein minimales Element hat, folgt sofort aus dem Fundierungsaxiom.

3. bedeutet lediglich, daß Ordinalzahlen aus Ordinalzahlen bestehen. Das zeigt man aber wie Lemma 9.1 (1).

Wenn On ein Menge wäre, wäre On selbst eine Ordinalzahl und müßte sich selbst als Element enthalten. □

© Springer International Publishing Switzerland 2017   73
M. Ziegler, *Mathematische Logik*, Mathematik Kompakt, DOI 10.1007/978-3-319-44180-1_10

Aus 2. folgt ein Induktionsprinzip: Eine Teilklasse U von On enthält alle Ordinalzahlen, wenn für alle α

$$\alpha \subset U \rightarrow \alpha \in U.$$

Eine Ordinalzahl der Form $s(\alpha)$ heißt *Nachfolgerzahl*. Man schreibt auch $\alpha + 1$ für den Nachfolger von α. Eine Ordinalzahl $> \underline{0}$, die keine Nachfolgerzahl ist, heißt *Limeszahl*.

Eine *Klasse A* ist ein System $\{x \mid \varphi(x, \overline{a})\}$ von Mengen, die eine Formel $\varphi(x, \overline{a})$, mit festgehaltenen Parametern $\overline{a} = a_1, \ldots, a_n$, erfüllen. Das Aussonderungsaxiom besagt, daß der Durchschnitt einer Menge mit einer Klasse wieder eine Menge ist.

Ein Funktional $F \colon A \rightarrow V$ ist eine funktionale Klasse von Paaren aus $A \times V$. Es ist also $\forall x \in A \, \exists! \, y \, (x, y) \in F$. Vergleiche die Diskussion des Ersetzungsaxioms in Kap. 8.

Satz (Rekursionssatz) *Zu jedem Funktional $G : V \rightarrow V$ kann man ein Funktional $F \colon \mathrm{On} \rightarrow V$ angeben, sodaß für alle $\alpha \in \mathrm{On}$*

$$F(\alpha) = G(F \restriction \alpha).$$

Beweis Wir zeigen zuerst, daß es für alle β genau eine Funktion $f \colon \beta \rightarrow V$ gibt, die für alle $\alpha \in \beta$ die Rekursionsgleichung erfüllt.

Zuerst die Eindeutigkeit: Wenn es ein anderes $f' \colon \beta \rightarrow V$ gibt, gibt es ein kleinstes $\alpha < \beta$ mit $f(\alpha) \neq f'(\alpha)$. Aus $f \restriction \alpha = f' \restriction \alpha$ folgt aber $f(\alpha) = f'(\alpha)$.

Wir zeigen die Existenz durch Induktion über β. Nehmen wir also an, daß die Behauptung schon für alle $\beta' < \beta$ gezeigt ist. Es gibt drei Fälle:

1. $\beta = \underline{0}$. Wir setzen $f = \emptyset$
2. $\beta = \beta' + 1$. Wir wählen ein $f' \colon \beta' \rightarrow V$, das die Rekursionsgleichung erfüllt und setzen $f = f' \cup \{(\beta', G(f'))\}$.
3. β ist eine Limeszahl. Nach dem Ersetzungsaxiom ist

$$X = \{f' \colon \beta' \rightarrow V \mid \beta' < \beta, \; f' \text{ erfüllt die Rekursionsgleichung.}\}$$

eine Menge, weil die f' eindeutig durch β' bestimmt sind. Aus demselben Grund ist $f = \bigcup X$ eine Funktion.

Schließlich setzen wir

$$F = \bigcup\{f \colon \beta \rightarrow V \mid \beta \in \mathrm{On}, \; f \text{ erfüllt die Rekursionsgleichung}\}. \qquad \square$$

Wenn wir V_α definieren durch

$$V_0 = \emptyset$$
$$V_{\alpha+1} = \mathfrak{P}(V_\alpha)$$
$$V_\lambda = \bigcup_{\alpha < \lambda} V_\alpha, \ \lambda \text{ Limeszahl,}$$

erhalten wir die *von Neumann[1]-Hierarchie*. Man zeigt leicht, daß

$$V = \bigcup_{\alpha \in \mathrm{On}} V_\alpha.$$

V_ω besteht gerade aus den *erblich endlichen Mengen*: Eine Menge heißt erblich endlich, wenn sie in einer endlichen (siehe später in diesem Kapitel) transitiven Menge enthalten ist.

Ordinalzahlen werden durch $<$ wohlgeordnet. Das folgende Lemma besagt, daß Ordinalzahlen Wohlordnungstypen sind.

Lemma 10.1 *Jede Wohlordnung ist zu genau einer Ordinalzahl isomorph.*

Beweis Sei $(a, <)$ eine Wohlordnung. Wir suchen eine Ordinalzahl α und eine Bijektion $f : \alpha \to a$, die *ordnungstreu* ist:

$$x < y \Leftrightarrow f(x) < f(y)$$

Sei $*$ eine Menge, die nicht zu a gehört, zum Beispiel $* = a$. Wir definieren

$$F : \mathrm{On} \to a \cup \{*\}$$

durch

$$F(\beta) = \begin{cases} \min(a \setminus F[\beta]) & \text{wenn } a \not\subseteq F[\beta] \\ * & \text{sonst} \end{cases}$$

Wenn $*$ nicht im Bild von F vorkäme, wäre F eine ordnungstreue Abbildung von On nach a und daher injektiv. Dann wäre aber On $= F^{-1}[a]$ eine Menge nach dem Ersetzungsaxiom.

---

[1] John von Neumann (1903–1957) Princeton. Mathematische Logik, Spieltheorie, Quantenmechanik

Sei α die kleinste Ordinalzahl, für die $F(\alpha) = *$. Dann ist $f = F \upharpoonright \alpha$ die gesuchte Bijektion.

α ist eindeutig bestimmt. Denn sei $f' \colon \alpha' \to a$ ein zweiter Isomorphismus. Dann erfüllt $F' = f' \cup \{(\beta, *) \mid \alpha' \le \beta\}$ die gleiche Rekursionsgleichung, und es folgt $F' = F$ und $\alpha' = \alpha$. $\square$

Aus dem Beweis folgt, daß nicht nur α, sondern auch der Isomorphismus zwischen a und α eindeutig bestimmt ist.

Eine Funktion $f \colon x \to V$ mit $f(z) \in z$ für alle $z \in x$ heißt *Auswahlfunktion*. Das Auswahlaxiom sagt, daß jede Menge x von nicht-leeren Mengen eine Auswahlfunktion besitzt. Wenn $\bigcup x$ eine Wohlordnung besitzt, existiert eine Auswahlfunktion, ohne daß man das Auswahlaxiom annehmen muß. Man setzt einfach $f(z) = \min(z)$. Umgekehrt folgt aus dem Auswahlaxiom der

Satz (Wohlordnungssatz) *Jede Menge hat eine Wohlordnung.*

Beweis Sei a eine Menge und $* \notin a$. Man wählt eine Auswahlfunktion $g \colon \mathfrak{P}(a) \setminus \{\emptyset\} \to a$. Definiere

$$F \colon \mathrm{On} \to a \cup \{*\}$$

durch

$$F(\beta) = \begin{cases} g(a \setminus F[\beta]) & \text{wenn } a \not\subseteq F[\beta] \\ * & \text{sonst} \end{cases}$$

Wie im Beweis von Lemma 10.1 sieht man, daß es ein α gibt, für das $f = F \upharpoonright \alpha$ eine Bijektion zwischen α und a ist. Diese Bijektion transportiert die Wohlordnung von α auf a: Wir setzen

$$x < y \Leftrightarrow f^{-1}(x) < f^{-1}(y).   \square$$

Aus dem Auswahlaxiom folgt auch das *Zornsche Lemma*, das wie der Wohlordnungssatz zum Auswahlaxiom äquivalent ist.

Satz 10.2 (Zornsches[2] Lemma) *Sei $(A, <)$ eine partielle Ordnung, in der jede linear geordnete Teilmenge K eine obere Schranke s besitzt. Dann besitzt A ein maximales Element m.*

---

[2] Max August Zorn (1906–1993) Bloomington (Indiana). Algebra, Mengenlehre

Eine (echte) obere Schranke von K ist ein Element s mit $a \leq s$ ($a < s$) für alle $a \in K$. Ein Element m heißt maximales Element von A, wenn A kein Element enthält, das größer als m ist.

Beweis Das Auswahlaxiom liefert uns ein Funktional G, das jeder Teilmenge von A, die eine echte obere Schranke hat, eine echte obere Schranke zuordnet und das sonst den Wert $*$ hat. Wir definieren

$$F: \text{On} \to A \cup \{*\}$$

durch

$$F(\beta) = G(F[\beta]).$$

Wenn F den Wert $*$ nicht annehmen würde, wäre F eine ordnungstreue Abbildung von On nach A, was nicht geht. Sei α minimal mit $F(\alpha) = *$. Dann ist $K = F[\alpha]$ eine linear geordnete Teilmenge von A, die keine echte obere Schranke hat. Sei m eine obere Schranke (und damit größtes Element) von K. Dann ist m maximal in A.   □

Definition

Zwei Mengen a und b heißen gleichmächtig (in Zeichen $a \sim b$), wenn es eine Bijektion zwischen a und b gibt.

Mit der Schreibweise $a \preceq b$ drücken wir aus, daß es eine Injektion $f: a \to b$ gibt.

$a \preceq b$ bedeutet, daß a gleichmächtig mit einer Teilmenge von b ist. Man überlegt leicht, daß $a \preceq b$ genau dann gilt, wenn a leer ist oder wenn es eine surjektive Abbildung von b nach a gibt.

Aus dem Wohlordnungssatz folgt, daß jede Menge gleichmächtig zu einer Ordinalzahl ist.

Definition

Die Mächtigkeit $|a|$ einer Menge a ist die kleinste Ordinalzahl, die gleichmächtig zu a ist:

$$|a| = \min\{\alpha \in \text{On} \mid \alpha \sim a\}$$

Lemma 10.3

$$a \sim b \Leftrightarrow |a| = |b| \tag{1}$$
$$a \preceq b \Leftrightarrow |a| \leq |b| \tag{2}$$

Beweis (1) folgt sofort aus der Tatsache, daß $\sim$ eine Äquivalenzrelation ist. Die Richtung „$\Leftarrow$" von (2) folgt aus $\beta \leq \alpha \Rightarrow \beta \subset \alpha$. Die Umkehrung folgt aus dem nächsten Hilfssatz.

$\square$

Hilfssatz 10.4 *Sei α eine Ordinalzahl und S eine Teilmenge von α. Dann ist der Ordnungstyp von S (mit der induzierten Wohlordnung) nicht größer als α.*

Beweis Wir zeigen durch Induktion über β: Wenn es eine ordnungstreue Funktion $f : \beta \to \alpha$ (z. B. mit Bildbereich S) gibt, ist $\beta \leq \alpha$: Sei die Behauptung für alle $\beta' < \beta$ bewiesen. Dann folgt $\beta' \leq f(\beta') < \alpha$ für alle $\beta' < \beta$. Daraus folgt $\beta \leq \alpha$. $\square$

Wir nennen α eine *Kardinalzahl*, wenn $\alpha = |\alpha|$. Die Mächtigkeit einer Menge ist immer eine Kardinalzahl.

Lemma *Alle natürlichen Zahlen und ω sind Kardinalzahlen.*

Beweis Wir zeigen durch Induktion über n, daß $n \sim m \Rightarrow n = m$ für alle $m \in \omega$. Das ist klar für $n = \underline{0}$. Sei $f : n + 1 \to m'$ eine Bijektion. Weil m' nicht $\underline{0}$ sein kann, ist $m' = m + 1$. Wenn $f(n) = m$, ist $f \restriction n$ eine Bijektion zwischen n und m. Wir schließen $n = m$ und daraus $n + 1 = m'$. Sonst sei $f(x) = m$ für ein $x < n$. Dann ist die Funktion

$$g(z) = \begin{cases} f(n) & \text{wenn } z = x \\ f(z) & \text{sonst} \end{cases}$$

eine Bijektion zwischen n und m.

Aus $n \preceq \omega$ folgt $n = |n| \leq |\omega|$. Also ist $|\omega|$ größer als alle $n < \omega$. Es folgt $|\omega| = \omega$. $\square$

Eine Menge a heißt *endlich*, wenn $|a| < \omega$. Wenn $|a| = \omega$, heißt a *abzählbar*.

Satz (Cantor)
$$|a| < |\mathfrak{P}(a)|$$

Beweis Sei $f : a \to \mathfrak{P}(a)$ eine Abbildung. Die Menge

$$b = \{ x \in a \mid x \notin f(x) \}$$

kann nicht im Bild von f liegen. Es gibt also keine Surjektion von a nach $\mathfrak{P}(a)$. $\square$

Es folgt, daß es keine größte Kardinalzahl gibt. Man bezeichnet mit κ^+ die kleinste Kardinalzahl, die größer als κ ist – die *Nachfolgerkardinalzahl* von κ. Es ist $\omega^+ \leq |\mathfrak{P}(\omega)|$. Die Aussage

$$\omega^+ = |\mathfrak{P}(\omega)|$$

ist die *Kontinuumshypothese* (CH), auf Englisch *continuum hypothesis*. Wenn ZFC widerspruchsfrei ist, kann CH weder bewiesen noch widerlegt werden. Siehe dazu die Originalartikel [12], [4] und das Lehrbuch [19].

Man zeigt leicht durch Induktion, daß für disjunkte endliche Mengen

$$|a \cup b| = |a| + |b|.$$

Daraus folgt (wiederum durch Induktion), daß

$$|m \times n| = m \cdot n$$

für alle $m, n \in \omega$.

Satz *Wenn a unendlich ist, ist*

$$|a \times a| = |a|$$

Beweis Wir führen den Beweis nur für abzählbare a. Den allgemeinen Fall beweist man ähnlich (durch Induktion über $|a|$).

Die lexikographische Ordnung

$$(l, m, n) < (l', m', n') \Longleftrightarrow \begin{cases} l < l' & \text{oder} \\ l = l', \, m < m' & \text{oder} \\ l = l, \, m = m', \, n < n' \end{cases}$$

auf $\omega \times \omega \times \omega$ ist eine Wohlordnung. Wir definieren eine Wohlordnung von $\omega \times \omega$ durch

$$(m, n) < (m', n') \Longleftrightarrow \big(\max(m, n), m, n\big) < \big(\max(m', n'), m', n'\big).$$

Sei $l = \max(m, n) + 1$. Dann sind alle Vorgänger von (m, n) in $l \times l$ enthalten. Es gibt also nur endlich viele (nämlich höchstens $l \cdot l$) Vorgänger. Daraus folgt, daß der Ordnungstyp von $(\omega \times \omega, <)$ nicht größer als ω sein kann. Also ist $|\omega \times \omega| = \omega$. □

Übungsaufgaben

40. Zeigen Sie, daß das Auswahlaxiom aus dem Zornschen Lemma folgt.
    Hinweis: Sei x eine Menge von nicht-leeren Mengen. Betrachte eine maximale partielle Auswahlfunktion.
41. Zeigen Sie, daß die Menge der reellen Zahlen und die Potenzmenge von ω gleichmächtig sind.
42. Geben Sie eine Bijektion zwischen $\mathfrak{P}(\omega) \times \mathfrak{P}(\omega)$ und $\mathfrak{P}(\omega)$ an.
43. Für eine Menge A von Ordinalzahlen sei $\sup_{\alpha \in A} \alpha$ das Supremum von A, also die kleinste obere Schranke von A in On. Wir definieren Addition, Multiplikation und Exponentiation von Ordinalzahlen durch folgende Rekursionsvorschriften: (λ ist immer eine Limeszahl)

$$\alpha + 0 = \alpha \quad \alpha + (\beta + 1) = (\alpha + \beta) + 1 \quad \alpha + \lambda = \sup_{\beta < \lambda} \alpha + \beta$$

$$\alpha \cdot 0 = 0 \quad \alpha \cdot (\beta + 1) = (\alpha \cdot \beta) + \alpha \quad \alpha \cdot \lambda = \sup_{\beta < \lambda} \alpha \cdot \beta$$

$$\alpha^0 = 1 \quad \alpha^{\beta+1} = \alpha^\beta \cdot \alpha \quad \alpha^\lambda = \sup_{\beta < \lambda} \alpha^\beta$$

    Zeigen Sie den Satz über die *Cantorsche Normalform*: Jede Ordinalzahl läßt sich auf eindeutige Weise schreiben als

$$\omega^{\alpha_1} \cdot n_1 + \ldots + \omega^{\alpha_k} \cdot n_k$$

    für natürliche Zahlen $n_i > 0$ und Ordinalzahlen $\alpha_1 > \ldots > \alpha_k$.
44. Zeigen Sie, daß es eine kleinste Ordinalzahl ε_0 gibt mit $\omega^{\varepsilon_0} = \varepsilon_0$. Zeigen Sie, daß sich jede Ordinalzahl unterhalb von ε_0 durch einen Ausdruck beschreiben läßt, der sich aus der Konstanten 0 und den Funktionen $x + y$ und ω^x aufbaut.
45. Sei $n \geq 2$ eine natürliche Zahl. Definiere die Funktion $S_n \colon \mathbb{N} \to \mathbb{N}$ durch $S_n(0) = 0$ und $S_n(x) = \sum_{i<k}(n+1)^{S_n(i)} a_i$, wobei $x = \sum_{i<k} n^i a_i$, $a_i < n$, die n-adische Darstellung von x ist. Eine Goodsteinfolge[3] ist eine Folge $x_0, x_1, \ldots$ von natürlichen Zahlen, die die Rekursionsvorschrift $x_{n+1} = S_{n+2}(x_n) \dotminus 1$ erfüllen. Beweisen Sie den *Satz von Goodstein* [13]:

    Für jede Goodsteinfolge existiert ein n mit $0 = x_n = x_{n+1} = \ldots$

    Hinweis: Definieren Sie $S_n' \colon \mathbb{N} \to \varepsilon_0$ durch $S_n'(0) = 0$ und $S_n'(\sum_{i<k} n^i a_i) = \sum_{i<k} \omega^{S_n'(i)} a_i$. Setze $F(n) = S_{n+2}'(x_n)$. Wenn $x_n \neq 0$, ist $F(n+1) < F(n)$.

---

[3] Reuben Louis Goodstein (1912–1985) Leicester (England). Mathematische Logik

Metamathematik von ZFC

Wir ordnen jeder L_{Me}-Formel ψ eine Konstante $\ulcorner\psi\urcorner$ in einer definitorischen Erweiterung von ZFC zu (siehe Satz 8.1). Zunächst ordnen wir allen Zeichen einen Term zu:

$$\ulcorner\dot=\urcorner = (\underline{0},\underline{0})$$
$$\ulcorner\wedge\urcorner = (\underline{0},\underline{1})$$
$$\ulcorner\neg\urcorner = (\underline{0},\underline{2})$$
$$\ulcorner(\urcorner = (\underline{0},\underline{3})$$
$$\ulcorner)\urcorner = (\underline{0},\underline{4})$$
$$\ulcorner\exists\urcorner = (\underline{0},\underline{5})$$
$$\ulcorner\epsilon\urcorner = (\underline{0},\underline{6})$$
$$\ulcorner v_0\urcorner = (\underline{1},\underline{0})$$
$$\ulcorner v_1\urcorner = (\underline{1},\underline{1})$$
$$\ldots = \ldots$$

Für eine Formel $\psi = \zeta_0\,\zeta_1\ldots\zeta_{n-1}$ der Länge n setzen wir

$$\ulcorner\psi\urcorner = \{(\underline{0},\ulcorner\zeta_0\urcorner),\ldots,(\underline{n-1},\ulcorner\zeta_{n-1}\urcorner)\}.$$

Die Notation wird nur in diesem Kapitel verwendet. In Kap. 15 ordnen wir Formeln ψ einer beliebigen endlichen Sprache eine natürliche Zahl zu, die *Gödelnummer* von ψ, die wir wieder mit $\ulcorner\psi\urcorner$ bezeichnen. Man beachte, daß alle $\ulcorner\varphi\urcorner$ erblich endlich sind (siehe Kap. 10).

Satz 11.1 (Fixpunktsatz) *Für jede L_{Me}-Formel $\Sigma(x)$ gibt es eine Aussage φ mit*

$$\text{ZFC} \vdash \varphi \longleftrightarrow \Sigma(\ulcorner\varphi\urcorner).$$

© Springer International Publishing Switzerland 2017
M. Ziegler, *Mathematische Logik*, Mathematik Kompakt, DOI 10.1007/978-3-319-44180-1_11

Beweis Wir meinen mit $\psi(\ulcorner\chi\urcorner)$ eigentlich die L_{Me}-Aussage, die in der definitorischen Erweiterung von ZFC zu $\psi(\ulcorner\chi\urcorner)$ äquivalent ist (siehe 8.1). Wir brauchen das folgende Lemma:

Lemma *Es gibt eine in ZFC definierbare Funktion* Sub *mit*

$$\text{ZFC} \vdash \ulcorner\psi(\ulcorner\chi\urcorner)\urcorner \doteq \text{Sub}(\ulcorner\psi\urcorner, \ulcorner\chi\urcorner)$$

für alle L_{Me}-Formeln $\psi(x)$ und χ.

Beweis Sub beschreibt einfach die Einsetzung in Formeln.[1]   □

Sei nun $\psi(v_0)$ die L_{Me}-Formel die zu $\Sigma(\text{Sub}(v_0, v_0))$ äquivalent ist. Dann sind in ZFC die folgenden Aussagen äquivalent:

$$\psi(\ulcorner\psi\urcorner) \sim \Sigma(\text{Sub}(\ulcorner\psi\urcorner, \ulcorner\psi\urcorner)) \sim \Sigma(\ulcorner\psi(\ulcorner\psi\urcorner)\urcorner)$$

Wenn man jetzt $\varphi = \psi(\ulcorner\psi\urcorner)$ setzt, ergibt sich der Fixpunktsatz.   □

Der folgende Satz von Tarski behauptet die Unmöglichkeit einer Wahrheitsdefinition in ZFC.

Folgerung (Tarskis Satz über die Wahrheitsdefinition) *Wenn ZFC widerspruchsfrei ist, gibt es keine Formel $\mathcal{W}(x)$, so daß für alle Aussagen φ*

$$\text{ZFC} \vdash \varphi \longleftrightarrow \mathcal{W}(\ulcorner\varphi\urcorner)$$

Beweis Wähle ein φ mit ZFC $\vdash \varphi \longleftrightarrow \neg\,\mathcal{W}(\ulcorner\varphi\urcorner)$.   □

Das Beweisbarkeitsprädikat Sei Bew(x) die Formel, die (in ZFC) ausdrückt, daß x eine in ZFC beweisbare Aussage ist. Es ist einleuchtend, daß Bew(x) die folgenden **Loeb[2]-Axiome** erfüllt:

L1 ZFC $\vdash \varphi \implies$ ZFC $\vdash$ Bew$(\ulcorner\varphi\urcorner)$
L2 ZFC $\vdash$ Bew$(\ulcorner\varphi\urcorner) \wedge$ Bew$(\ulcorner\varphi \to \psi\urcorner) \to$ Bew$(\ulcorner\psi\urcorner)$
L3 ZFC $\vdash$ Bew$(\ulcorner\varphi\urcorner) \to$ Bew$\bigl(\ulcorner$Bew$(\ulcorner\varphi\urcorner)\urcorner\bigr)$

---

[1] Man sieht leicht, daß man Sub$(x, y) = z$ durch eine Formel der Form $\varphi(x, y, z) = \exists w\,(w \in V_\omega \wedge \delta(w, x, y, z))$ definieren kann, wobei alle Quantoren in δ nur in beschränkter Form vorkommen, also als $\exists u(u \in v \wedge \ldots)$ oder $\forall u(u \in v \to \ldots)$. Wenn eine solche Formel auf konkret gegebene erblich endliche Mengen zutrifft, ist das auch in ZFC beweisbar. (Vergleiche Satz 18.2 und Lemma 18.5.)
[2] Martin Hugo Loeb (1921–2006) Leeds (England). Beweistheorie, Rekursionstheorie

Man beachte, daß **L3** gilt, weil **L1** in ZFC beweisbar ist. Tatsächlich ist die Gültigkeit von **L3** nicht einfach zeigen. Für das Beweisbarkeitsprädikat der Peanoarithmetik geben wir einen ausführlichen Beweis im Kap. 20.

Folgerung 11.2

$$\text{ZFC} \vdash \varphi \to \psi \implies \text{ZFC} \vdash \text{Bew}(\ulcorner\varphi\urcorner) \to \text{Bew}(\ulcorner\psi\urcorner) \tag{11.1}$$

$$\text{ZFC} \vdash \text{Bew}(\ulcorner\varphi \wedge \psi\urcorner) \longleftrightarrow (\text{Bew}(\ulcorner\varphi\urcorner) \wedge \text{Bew}(\ulcorner\psi\urcorner)) \tag{11.2}$$

Beweis (11.1): Aus ZFC $\vdash \varphi \to \psi$ folgt ZFC $\vdash \text{Bew}(\ulcorner\varphi \to \psi\urcorner)$ wegen **L1**, und daraus, mit **L2**, die Behauptung ZFC $\vdash \text{Bew}(\ulcorner\varphi\urcorner) \to \text{Bew}(\ulcorner\psi\urcorner)$.

(11.2): ZFC $\vdash \text{Bew}(\ulcorner\varphi \wedge \psi\urcorner) \to \text{Bew}(\ulcorner\varphi\urcorner)$ und ZFC $\vdash \text{Bew}(\ulcorner\varphi \wedge \psi\urcorner) \to \text{Bew}(\ulcorner\psi\urcorner)$ folgen sofort aus (11.1). Aus (11.1) folgt auch

$$\text{ZFC} \vdash \text{Bew}(\ulcorner\varphi\urcorner) \to \text{Bew}(\ulcorner\psi \to (\varphi \wedge \psi)\urcorner).$$

Wegen **L2** ist

$$\text{ZFC} \vdash \text{Bew}(\ulcorner\psi\urcorner) \wedge \text{Bew}(\ulcorner\psi \to (\varphi \wedge \psi)\urcorner) \to \text{Bew}(\ulcorner\varphi \wedge \psi\urcorner).$$

Daraus folgt $(\text{Bew}(\ulcorner\varphi\urcorner) \wedge \text{Bew}(\ulcorner\psi\urcorner)) \to \text{Bew}(\ulcorner\varphi \wedge \psi\urcorner).$ □

Sei F eine Formel, deren Negation allgemeingültig ist, z. B. $\neg \underline{0} \doteq \underline{0}$. Die Aussage

$$\text{CON}_{\text{ZFC}} = \neg\, \text{Bew}(\ulcorner F\urcorner)$$

drückt dann die Konsistenz von ZFC aus.

Satz (Zweiter Gödelscher Unvollständigkeitssatz für ZFC) *Wenn ZFC konsistent ist, ist* CON_{ZFC} *in ZFC unbeweisbar.*

Beweis Natürlich folgt aus der Unbeweisbarkeit von CON_{ZFC} die Konsistenz von ZFC. Wenn wir den Satz (natürlich in ZFC) bewiesen haben, haben wir also gezeigt, daß

$$\text{ZFC} \vdash \text{CON}_{\text{ZFC}} \longleftrightarrow \neg\, \text{Bew}(\ulcorner\text{CON}_{\text{ZFC}}\urcorner).$$

Wir beginnen daher mit einer Formel φ, die

$$\text{ZFC} \vdash \varphi \longleftrightarrow \neg\, \text{Bew}(\ulcorner\varphi\urcorner) \tag{11.3}$$

erfüllt. Wir zeigen zuerst, daß tatsächlich[3]

$$\text{ZFC} \vdash \varphi \longleftrightarrow \text{CON}_{\text{ZFC}} \tag{11.4}$$

Zunächst folgt aus $\text{ZFC} \vdash \text{F} \to \varphi$ und (11.1), daß $\text{ZFC} \vdash \text{Bew}(\ulcorner \text{F} \urcorner) \to \text{Bew}(\ulcorner \varphi \urcorner)$. Also ist $\text{ZFC} \vdash \varphi \to \text{CON}_{\text{ZFC}}$.

Dann folgt aus $\text{ZFC} \vdash \varphi \to \neg\, \text{Bew}(\ulcorner \varphi \urcorner)$, daß

$$\text{ZFC} \vdash \text{Bew}(\ulcorner \varphi \urcorner) \to \text{Bew}(\ulcorner \neg\, \text{Bew}(\ulcorner \varphi \urcorner) \urcorner).$$

Zusammen mit **L3** ergibt das

$$\text{ZFC} \vdash \text{Bew}(\ulcorner \varphi \urcorner) \to (\text{Bew}(\ulcorner \neg\, \text{Bew}(\ulcorner \varphi \urcorner) \urcorner) \wedge \text{Bew}(\ulcorner \text{Bew}(\ulcorner \varphi \urcorner) \urcorner)).$$

Weil aber wegen Folgerung 11.2

$$\text{ZFC} \vdash \text{Bew}(\ulcorner \neg\, \text{Bew}(\ulcorner \varphi \urcorner) \urcorner) \wedge \text{Bew}(\ulcorner \text{Bew}(\ulcorner \varphi \urcorner) \urcorner) \to \text{Bew}(\ulcorner \text{F} \urcorner),$$

folgt $\text{Bew}(\ulcorner \varphi \urcorner) \to \neg\, \text{CON}_{\text{ZFC}}$, das heißt $\text{ZFC} \vdash \text{CON}_{\text{ZFC}} \to \varphi$. Damit ist (11.4) bewiesen.

Nehmen wir an, daß $\text{ZFC} \vdash \text{CON}_{\text{ZFC}}$. Dann ist $\text{ZFC} \vdash \varphi$ wegen (11.4). Daraus folgt mit **L1** $\text{ZFC} \vdash \text{Bew}(\ulcorner \varphi \urcorner)$ und mit (11.3) $\text{ZFC} \vdash \neg\, \text{Bew}(\ulcorner \varphi \urcorner)$. ZFC wäre also inkonsistent. $\square$

Wenn wir wüßten, daß alle Aussagen, die in ZFC beweisbar sind, auch wahr wären, wäre CON_{ZFC} *unabhängig* von ZFC: Weder CON_{ZFC} noch $\neg\, \text{CON}_{\text{ZFC}}$ sind dann aus ZFC beweisbar. Es ist aber denkbar (siehe Aufgabe 46), daß ZFC zwar konsistent ist, aber $\text{ZFC} \vdash \neg\, \text{CON}_{\text{ZFC}}$. Um (unter der Voraussetzung der Konsistenz) eine von ZFC unabhängige Aussage zu finden, müssen wir anders vorgehen.

Man kann leicht eine Liste $\varphi_0, \varphi_1, \ldots$ aller in ZFC beweisbaren Aussagen angeben. Wenn man es vernünftig gemacht hat, läßt sich

$$\varphi \text{ ist die } n\text{-te beweisbare Aussage}$$

mit einer L_{Me}-Formel $\text{Bew}(x, y)$ ausdrücken, die die folgenden Eigenschaft hat:
Für alle $n = 0, 1, \ldots$ und alle Aussagen φ ist

$$\varphi = \varphi_n \quad \Longrightarrow \quad \text{ZFC} \vdash \text{Bew}(\ulcorner \varphi \urcorner, \underline{n}) \tag{11.5}$$

$$\varphi \neq \varphi_n \quad \Longrightarrow \quad \text{ZFC} \vdash \neg\, \text{Bew}(\ulcorner \varphi \urcorner, \underline{n}). \tag{11.6}$$

---

[3] Wir verwenden nur „$\leftarrow$".

Sei $\mathcal{R}$ eine Aussage mit

$$\text{ZFC} \vdash \mathcal{R} \longleftrightarrow \forall\, y \in \omega \left(\text{Bew}(\ulcorner \mathcal{R} \urcorner, y) \to \exists z < y\ \text{Bew}(\ulcorner \neg\, \mathcal{R} \urcorner, z)\right).^{4}$$

Man nennt $\mathcal{R}$ einen *Rossersatz*.

Der folgende Satz wurde von Rosser[5] bewiesen.

> **Satz (Erster Gödelscher Unvollständigkeitssatz für** ZFC**)** *Wenn* ZFC *konsistent ist, ist* $\mathcal{R}$ *unabhängig von* ZFC.

Beweis Für beliebiges ψ sei ψ^* die Aussage

$$\forall\, y \in \omega \left(\text{Bew}(\ulcorner \psi \urcorner, y) \to \exists z < y\ \text{Bew}(\ulcorner \neg\, \psi \urcorner, z)\right).$$

Wir zeigen zuerst

$$\text{ZFC} \vdash \psi \quad \Longrightarrow \quad \text{ZFC} \vdash \neg\, \psi^* \tag{11.7}$$

$$\text{ZFC} \vdash \neg\, \psi \quad \Longrightarrow \quad \text{ZFC} \vdash \psi^*. \tag{11.8}$$

Daraus folgt $\text{ZFC} \vdash \mathcal{R} \Longleftrightarrow \text{ZFC} \vdash \neg\, \mathcal{R}$ und damit die Behauptung des Satzes.

Beweis von (11.7): Wenn $\text{ZFC} \vdash \psi$, gibt es nach (11.5) ein n mit $\text{ZFC} \vdash \text{Bew}(\ulcorner \psi \urcorner, \underline{n})$. Weil ZFC konsistent ist[6], ist wegen (11.6) $\text{ZFC} \vdash \neg\, \text{Bew}(\ulcorner \neg\, \psi \urcorner, \underline{m})$ für alle m. Daraus folgt $\text{ZFC} \vdash \neg\, \exists z < \underline{n}\ \text{Bew}(\ulcorner \neg\, \psi \urcorner, z)$ und schließlich $\text{ZFC} \vdash \neg\, \psi^*$.

Beweis von (11.8): Wenn $\text{ZFC} \vdash \neg\, \psi$, gibt es ein m mit $\text{ZFC} \vdash \text{Bew}(\ulcorner \neg\, \psi \urcorner, \underline{m})$, und es ist $\text{ZFC} \vdash \neg\, \text{Bew}(\ulcorner \psi \urcorner, \underline{n})$ für alle n. Daraus folgt

$$\text{ZFC} \vdash \forall\, y \in \omega \left(\text{Bew}(\ulcorner \psi \urcorner, y) \to \underline{m} < y\right)$$

und schließlich $\text{ZFC} \vdash \psi^*$. $\qquad\square$

▶ **Bemerkung** In Kap. 20 werden Formeln und Beweise in den natürlichen Zahlen kodiert. Man sieht dann das Folgende leicht ein: Sei $\mathfrak{M}$ ein Modell von ZFC, das keine nichtstandard natürliche Zahlen enthält (siehe Aufgabe 38), dann ist $\mathfrak{M} \models \text{CON}_{\text{ZFC}}$.

Mit all dem ist jedoch noch nicht geklärt, in welcher Weise eine derart in die Welt zurückversetzte Erkenntnis ihre Aufgabe erfüllt; und erst recht nicht, wie eine Erkenntnistheorie

---

[4] Eigentlich müßte man statt $\text{Bew}(\ulcorner \neg\, \mathcal{R} \urcorner, z)$ die Formel $\text{Bew}(\text{Neg}(\ulcorner \mathcal{R} \urcorner), z)$ nehmen für eine definierbare Funktion Neg mit $\text{ZFC} \vdash \ulcorner \neg\, \varphi \urcorner \doteq \text{Neg}(\ulcorner \varphi \urcorner)$ für alle φ.
[5] J. Barkley Rosser (1907–1989) Princeton. Zahlentheorie, Mathematische Logik
[6] (11.7) und (11.8) gelten natürlich auch, wenn ZFC inkonsistent ist.

kontrollieren kann, ob sie ihre Aufgabe erfüllt oder nicht. Als Reflexionstheorie des Wissenschaftssystems hat die Erkenntnistheorie es primär mit dem Verhältnis von Erkenntnis und Gegenstand, das heißt mit dem Realitätsbezug der Erkenntnis zu tun. Pure Selbstreferenz an dieser Stelle würde heißen: real ist, was die Erkenntnis als real bezeichnet. Diese Auskunft war immer und bleibt auch heute unbefriedigend. Man muß den Zirkel aber nicht vermeiden, man muß ihn durch Konditionierungen unterbrechen. Das ist die Funktion von Gründen. Sie transformieren den circulus vitiosus aber nur in einen infiniten Regreß, denn man muß jetzt nach den Gründen für die Gründe fragen. Daher wird der infinite Regreß mit Approximationshoffnungen ausgestattet, die letztlich in funktionierender Komplexität rückversichert sind. Wenn man die Gründe wieder begründet und jede Etappe für Kritik offen und revisionsbereit hält, wird es immer unwahrscheinlicher, daß ein solches Gebäude ohne jeden Realitätsbezug hätte aufgeführt werden können. Die Zirkularität ist nicht eliminiert, sie ist in Gebrauch genommen, ist entfaltet, ist enttautologisiert. Ohne diesen basalen Selbstbezug würde jede Erkenntnis zusammenbrechen. Nur mit seiner Hilfe ist eine umweltsensible Struktur aufzuführen, die dem, was Wissenschaft dann Realität (Gegenstände, Objekte usw.) nennt, Information abgewinnt.

(Niklas Luhmann, [20, S. 648–649])

Übungsaufgaben

46. Angenommen ZFC ist konsistent, geben Sie eine konsistente Erweiterung von ZFC an, die die Inkonsistenz von ZFC, und damit auch ihre eigene Inkonsistenz, beweist. Es ist also denkbar, daß auch ZFC seine eigene Konsistenz beweist, ohne inkonsistent zu sein.

47. Sei φ eine beliebige L_{Me}-Aussage. Zeigen Sie:
    1. $\text{ZFC} \vdash \varphi \leftrightarrow \text{Bew}(\ulcorner \varphi \urcorner)$ gdw. $\text{ZFC} \vdash \varphi$,
    2. $\text{ZFC} \vdash \varphi \leftrightarrow \neg \text{Bew}(\ulcorner \neg \varphi \urcorner)$ gdw. $\text{ZFC} \vdash \neg \varphi$.
    3. $\text{ZFC} \vdash \varphi \leftrightarrow \text{Bew}(\ulcorner \neg \varphi \urcorner)$ gdw. $\text{ZFC} \vdash \varphi \leftrightarrow \neg \text{CON}_{\text{ZFC}}$.

Teil III
Rekursionstheorie

Eine Funktion $\mathbb{N}^n \to \mathbb{N}$ heißt berechenbar, wenn sie mit einer Registermaschine berechnet werden kann. Eine Registermaschine ist ein einfacher Computer mit endlich vielen Registern, in denen sich beliebig lange Wörter eines endlichen Alphabets speichern lassen. Wir zeigen, daß die berechenbaren Funktionen mit den rekursiven Funktionen, die sich aus einer Reihe von Grundfunktionen mit einfachen Regeln erzeugen lassen, übereinstimmen (Satz 12.1). Der Beweis läßt sich sofort auf andere Maschinenmodelle, wie zum Beispiel auf die in Aufgabe 50 eingeführten Turingmaschinen, übertragen. Das rechtfertigt die Churchsche These:

Alle intuitiv berechenbaren Funktionen sind rekursiv.

Eine Menge von natürlichen Zahlen heißt rekursiv, wenn ihre charakteristische Funktion rekursiv, und rekursiv aufzählbar, wenn sie Bild einer rekursiven Funktion ist. In Kap. 14 werden wir mit Hilfe eines Diagonalverfahrens rekursiv aufzählbare Mengen konstruieren, die nicht rekursiv sind.

Wenn man eine endliche Sprache L festhält, lassen sich L-Formeln φ durch ihre Gödelnummer $\ulcorner\varphi\urcorner$ kodieren. Daß sich die beweisbaren L-Aussagen effektiv aufzählen lassen, bedeutet nun, daß die Menge $\{\ulcorner\varphi\urcorner \mid \vdash \varphi\}$ der Gödelnummern aller beweisbaren Aussagen rekursiv aufzählbar ist. Im nächsten Kapitel werden wir dann sehen, daß $\{\ulcorner\varphi\urcorner \mid \vdash \varphi\}$ für geeignetes L nicht rekursiv ist (Satz 18.4). Das heißt, daß es kein Verfahren gibt, das entscheidet, ob eine gegebene L-Aussage φ beweisbar ist.

Mehr über Rekursionstheorie – die Theorie der berechenbaren Funktionen – findet man in Coopers Buch [6].

Registermaschinen

12

Eine Registermaschine M arbeitet mit endlichen vielen Registern $\mathcal{R}_0, \ldots, \mathcal{R}_{R-1}$, in denen Wörter aus einem endlichen Alphabet $\mathcal{A} = \{a_1, \ldots, a_L\}$ stehen. Die Maschine kann den letzten Buchstaben dieser Wörter lesen, den letzten Buchstaben streichen oder einen Buchstaben anhängen[1]. Das Programm von M ist eine Folge $(b_0, \ldots, b_N)$ von Befehlen der folgenden Art.

PUSH(r, l)	Wenn $l = 0$, wird der letzte Buchstabe des Worts in $\mathcal{R}_r$ gestrichen. Sonst wird das Wort in $\mathcal{R}_r$ um den Buchstaben a_l verlängert. Danach wird der nächste Befehl ausgeführt.
GOTO$(r, c_0, \ldots, c_L)$	Liest das Wort in $\mathcal{R}_r$. Wenn das Wort leer ist, wird als nächstes der Befehl mit der Nummer c_0 ausgeführt. Wenn der letzte Buchstabe a_l ist, ist der Befehl Nummer c_l der nächste.
STOP	Die Maschine stoppt.

Der letzte Befehl b_N des Programms soll immer STOP sein.

Sei $\mathcal{A}^*$ die Menge der *Wörter*, die sich aus den Buchstaben von $\mathcal{A}$ bilden lassen. M berechnet auf folgende Weise eine partielle Funktion

$$F_M^n \colon \underbrace{\mathcal{A}^* \times \ldots \mathcal{A}^*}_{n} \to \mathcal{A}^*.$$

Am Anfang steht die Eingabe $w_1, \ldots, w_n$ in den Registern $\mathcal{R}_1, \ldots, \mathcal{R}_n$, die anderen Register sind leer. Die Maschine führt, mit dem ersten Befehl beginnend, das Programm solange aus, bis der Befehl STOP ausgeführt wird. Die Ausgabe $F_M^n(w_1, \ldots, w_n)$ steht dann im Register $\mathcal{R}_0$. Wenn M niemals stoppt, ist $F_M^n(w_1, \ldots, w_n)$ undefiniert.

Eine (überall definierte) Funktion der Form F_M^n nennen wir *berechenbar*.

---

[1] Die Register sind also „stacks".

© Springer International Publishing Switzerland 2017

M. Ziegler, *Mathematische Logik*, Mathematik Kompakt, DOI 10.1007/978-3-319-44180-1_12

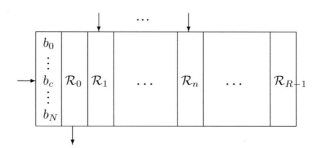

Wir werden im nächsten Kapitel von der folgenden Terminologie Gebrauch machen:

Eine *Konfiguration* ist ein $R + 1$-Tupel $\mathcal{K} = (c, R_0, \ldots, R_{R-1})$ mit $c \leq N$ und $R_i \in \mathcal{A}^*$. $\mathcal{K}$ beschreibt einen Zustand von $\mathcal{M}$: R_i ist der Inhalt des i-ten Registers, der nächste auszuführende Befehl ist b_c.

Die *Anfangskonfiguration* bei der Eingabe $w_1, \ldots, w_n$ ist

$$\mathcal{K}_0 = (0, \emptyset, w_1, \ldots, w_n, \emptyset, \ldots).$$

Eine *Stopkonfiguration* ist eine Konfiguration $(c, \ldots)$ mit $b_c = \text{STOP}$.

Die *Nachfolgekonfiguration* $\mathcal{M}(\mathcal{K})$ beschreibt den Zustand, in dem sich die Maschine befindet, nachdem im Zustand $\mathcal{K}$ der Befehl b_c ausgeführt worden ist. Wenn $b_c = \text{STOP}$, ist $\mathcal{M}(\mathcal{K}) = \mathcal{K}$.

Bei der Berechnung von $F_{\mathcal{M}}(w_1, \ldots, w_n)$ wird die Funktion $\mathcal{M}(\ )$ so oft auf die Anfangskonfiguration $\mathcal{K}_0$ angewendet, bis $\mathcal{M}^s(\mathcal{K}_0) = (c, R_0, \ldots)$ eine Stopkonfiguration ist. Das Ergebnis ist dann R_0.

Im Alphabet $\mathcal{A} = \{\ |\ \} = \{a_1\}$ stellen wir jede natürliche Zahl m durch m Striche $|^m$ dar. $\mathcal{M}$ berechnet so eine partielle Funktion

$$F_{\mathcal{M}}^n : \mathbb{N}^n \to \mathbb{N}.$$

Wir geben jetzt eine äquivalente Beschreibung der berechenbaren Funktionen von $\mathbb{N}^n$ nach $\mathbb{N}$.

Definition

Eine Funktion $f : \mathbb{N}^n \to \mathbb{N}$, $(n \geq 0)$ heißt rekursiv, wenn sie sich aus den Grundfunktionen

R0

$$S(x) = x + 1 \qquad\qquad\qquad \textit{(Nachfolger)}$$
$$I_i^n(x_1, \ldots, x_n) = x_i \qquad (1 \leq i \leq n) \quad \textit{(Projektionsfunktion)}$$
$$C_0^0 = 0 \qquad\qquad \text{nullstellig} \qquad \textit{(Konstante Funktion)}$$

durch Anwenden der folgenden Regeln aufbauen läßt:

R1 Sind die g_i und h rekursiv, dann auch

$$f(x_1, \ldots, x_n) = h(g_1(x_1, \ldots, x_n), \ldots, g_k(x_1, \ldots, x_n)).$$

(*Einsetzung*)
R2 Sind g und h rekursiv, dann auch

$$f(x_1, \ldots, x_n, y),$$

wobei

$$f(x_1, \ldots, x_n, 0) = g(x_1, \ldots, x_n)$$

und

$$f(x_1, \ldots, x_n, y + 1) = h(x_1, \ldots, x_n, y, f(x_1 \ldots, x_n, y))$$

(*primitive Rekursion*).
R3 g sei rekursiv, und es gelte $\forall x_1, \ldots, x_n \exists y \; g(x_1, \ldots, x_n, y) = 0$. Dann ist auch

$$f(x_1, \ldots, x_n) = \mu y \; (g(x_1, \ldots, x_n, y) = 0)$$

rekursiv, wobei

$$\mu y \; A(y) = \text{das kleinste } y \text{ mit } A(y)$$

(μ-*Rekursion*).

Anmerkungen Verwendet man nur **R0**, **R1** und **R2**, dann heißt f *primitiv rekursiv*. Die konstanten Funktionen

$$C_m^n(x_1, \ldots, x_n) = m$$

sind zum Beispiel primitiv rekursiv: Es ist $C_{m+1}^0 = S(C_m^0)$. C_m^n entsteht aus C_m^0 durch „Einsetzen" von $k = 0$-vielen n-stelligen Funktionen.

Man kann rekursive Funktionen beliebig ineinander einsetzen. Zum Beispiel ist

$$f(x_1, x_2, x_3) = h(x_1, g(x_2, x_2))$$

rekursiv, wenn g und h rekursiv sind.

Satz 12.1 *Die rekursiven Funktionen stimmen mit den berechenbaren Funktionen überein.*

In diesem Paragraphen beweisen wir eine Richtung: Die rekursiven Funktionen sind berechenbar. Wir beschreiben Maschinen in naheliegender Weise durch Flußdiagramme. Unser Alphabet ist $\mathcal{A} = \{\,|\,\}$. I und J seien Registerinhalte (also R-Tupel $(R_0, \ldots, R_{R-1})$). Wir schreiben

$$I \underset{\mathcal{M}}{\longrightarrow} J,$$

wenn für es ein s gibt, für das $\mathcal{M}^s((0, I))$ eine Stopkonfiguration mit Registerinhalt J ist.

Die *Löschmaschine* $\mathcal{L}^r$

$$(R_0, \ldots, R_r, \ldots, R_{R-1}) \underset{\mathcal{L}^r}{\longrightarrow} (R_0, \ldots, \emptyset, \ldots, R_{R-1})$$

löscht das r-te Register. Das Flußdiagramm von $\mathcal{L}^r$ ist

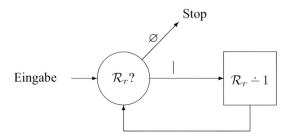

Formal:

$$\mathcal{L}^r = \big(\mathrm{GOTO}(r, 3, 1), \mathrm{PUSH}(r, 0), \mathrm{GOTO}(0, 0, 0), \mathrm{STOP}\big)$$

Die *Kopiermaschine* $\mathcal{K}_h^{r,s}$

$$(R_0, \ldots, R_r, \ldots, R_s, \ldots, R_h, \ldots) \underset{\mathcal{K}_h^{r,s}}{\longrightarrow} (R_0, \ldots, R_r, \ldots, R_r, \ldots, *, \ldots)$$

kopiert $\mathcal{R}_r$ auf $\mathcal{R}_s$ mit Hilfsregister $\mathcal{R}_h$, ($h \notin \{r, s\}$).

Flußdiagramm:

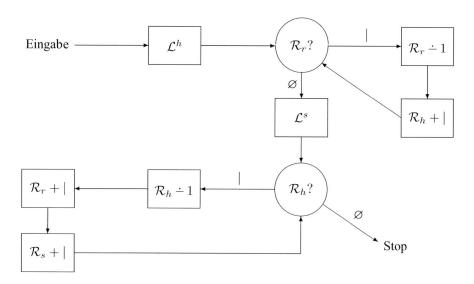

Formal:

$$\mathcal{K}_h^{r,s} = \big(\text{GOTO}(h, 3, 1), \text{PUSH}(h, 0), \text{GOTO}(0, 0, 0), \text{GOTO}(r, 7, 4),$$
$$\text{PUSH}(r, 0), \text{PUSH}(h, 1), \text{GOTO}(0, 3, 3), \text{GOTO}(s, 10, 8),$$
$$\text{PUSH}(s, 0), \text{GOTO}(0, 7, 7), \text{GOTO}(h, 15, 11), \text{PUSH}(h, 0),$$
$$\text{PUSH}(r, 1), \text{PUSH}(s, 1), \text{GOTO}(0, 10, 10), \text{STOP}\big)$$

Für das Hintereinanderausführen der Maschinen $\mathcal{M}_1$, $\mathcal{M}_2$, $\mathcal{M}_3$ verwenden wir die Notation

$$\mathcal{M}_1 \mathcal{M}_2 \mathcal{M}_3.$$

Zum Beispiel kopiert die Maschine

$$\mathcal{K}_h^{r_1,\dots,r_n;s_1,\dots,s_n} = \mathcal{K}_h^{r_1,s_1} \dots \mathcal{K}_h^{r_n,s_n}$$

die Register $\mathcal{R}_{r_1}, \dots, \mathcal{R}_{r_n}$ nach $\mathcal{R}_{s_1}, \dots, \mathcal{R}_{s_n}$. Wenn $\mathcal{M}$ eine n-stellige Funktion mit R-Registern berechnet, bezeichnen wir mit $\mathcal{M}^*$ die Maschine

$$\mathcal{M}^* = \mathcal{L}^0 \mathcal{L}^{n+1} \dots \mathcal{L}^{R-1} \mathcal{M}.$$

Zuerst zeigen wir, daß die Grundfunktionen **R0** berechenbar sind:

S	wird berechnet von	$\mathcal{K}_2^{1,0}(\mathcal{R}_0 + |)$
I_i^n	wird berechnet von	$\mathcal{K}_{n+1}^{i,0}$
C_0^0	wird berechnet von	„Stop"

Die berechenbare Funktionen sind abgeschlossen unter der Regel **R1**:

Wenn zum Beispiel $h(y_1, y_2)$ von $\mathcal{H}$ und die Funktionen $f_1(x)$ und $f_2(x)$ von $\mathcal{F}_1$ und $\mathcal{F}_2$ mit R Registern berechnet werden, wird $f(x) = h(f_1(x), f_2(x))$ berechnet von der Hintereinanderausführung der folgenden Maschinen. (Wir verwenden das Hilfsregister $\mathcal{R}_{R+2}$.)

$$K^{1,R} \qquad \text{(rettet } x \text{ auf } \mathcal{R}_R),$$
$$\mathcal{F}_1 \mathcal{K}^{0,R+1} \qquad \text{(berechnet } f_1(x) \text{ und speichert den Wert in } \mathcal{R}_{R+1}),$$
$$\mathcal{K}^{R,1} \mathcal{F}_2^* \mathcal{K}^{0,2} \quad \text{(berechnet } f_2(x) \text{ und speichert den Wert in } \mathcal{R}_2),$$
$$\mathcal{K}^{R+1,1} \mathcal{H}^* \qquad \text{(berechnet } h(f_1(x), f_2(x))).$$

Die berechenbare Funktionen sind abgeschlossen unter der Regel **R2**:

Wir zeigen das für den Fall $n = 1$. Nehmen wir an, daß $g(x)$ von $\mathcal{G}$ und $h(x, y, z)$ von $\mathcal{H}$ mit jeweils R Registern berechnet werden. Dann wird f berechnet von folgendem Flußdiagramm: (Hilfsregister $\mathcal{R}_{R+3}$)

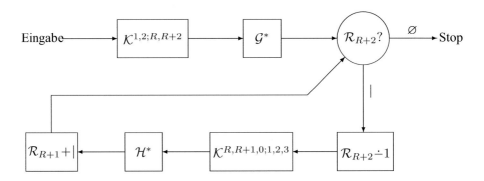

Die berechenbare Funktionen sind abgeschlossen unter der Regel **R3**:

Wir zeigen das für den Fall $n = 1$. Nehmen wir an, daß $g(x, y)$ von $\mathcal{G}$ mit R Registern berechnet wird. Dann wird $f(x)$ berechnet von der Maschine mit dem folgendem Flußdiagramm: (Hilfsregister $\mathcal{R}_{R+2}$)

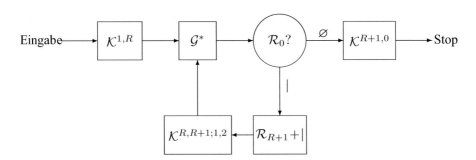

Übungsaufgaben

48. Zeichnen Sie das Flußdiagramm einer Maschine, die (in der |-Darstellung) das Produkt zweier Zahlen berechnet.

49. Geben Sie eine Maschine über dem Alphabet $\mathcal{A} = \{0, 1, |\}$ an, die die Binärdarstellung einer Zahl in ihre |-Darstellung umwandelt, und eine Maschine, die das umgekehrte tut.

50. Eine *Turingmaschine*[2] verwendet als Speicher ein zweiseitig unendliches Band, auf dem sich ein Lese/Schreibkopf bewegt. Die „Zellen" des Bandes sind leer oder enthalten einen Buchstaben aus $\mathcal{A} = \{a_1, \ldots, a_L\}$. Das Programm einer Turingmaschine ist eine endliche Folge von Befehlen, von denen es vier Arten gibt: den Stopbefehl STOP; den Schreibbefehl WRITE(l), der a_l in die aktuelle Zelle unter dem Schreibkopf schreibt oder den Inhalt der Zelle löscht, wenn $l = 0$; die Befehle LEFT und RIGHT, die den Kopf veranlassen, sich eine Zelle nach links oder nach rechts zu bewegen; den Verzweigungsbefehl GOTO $(c_0, \ldots, c_L)$, der zum Befehl mit der Nummer c_l springt, wenn die aktuelle Zelle den Buchstaben a_l enthält, oder zum Befehl c_0, wenn die Zelle leer ist. Am Anfang des Laufs steht die Eingabe $w_1, \ldots, w_n$ durch leere Zellen getrennt unmittelbar rechts von Lesekopf, sonst ist das Band leer. Am Ende steht die Ausgabe rechts von Lesekopf.

   Zeigen Sie, daß sich jede rekursive Funktion von einer Turingmaschine berechnen läßt.

51. Definiere die Funktionenfolge $A_0, A_1, \ldots$ durch $A_0(x) = x + 1$ und $A_{a+1}(x) = A_a^{x+1}(1)$.

    a) Zeigen Sie, daß jedes A_n primitiv rekursiv ist.

    b) Begründen Sie, warum die (modifizierte) *Ackermannfunktion*[3] $A(x, a) = A_a(x)$ in einem intuitiven Sinn berechenbar ist. (Wir werden in Aufgabe 54 sehen, daß A rekursiv ist.)

    c) Für jede primitiv rekursive Funktion $f : \mathbb{N}^n \to \mathbb{N}$ gibt es ein a, sodaß für alle $x_1, \ldots, x_n$

$$f(x_1, \ldots, x_n) \leq A_a\left(\sum_i x_i\right).$$

    d) Die Ackermannfunktion ist nicht primitiv rekursiv.

    Hinweis: Zu c): Beweise zuerst, daß A in beiden Argumente streng monoton ist, und die Ungleichung $A_a(A_{a+1}(x)) \leq A_{a+2}(x)$. Dann zeigt man die Behauptung induktiv über den Aufbau primitiv rekursiver Funktionen.

    Zu d): Man konstruiere aus A eine Funktion $\mathbb{N} \to \mathbb{N}$, für die c) nicht gilt.

---

[2] Alan Turing (1912–1954) Manchester. Mathematische Logik, Kryptographie
[3] Wilhelm Ackermann (1896–1962) Lüdenscheid. Mathematische Logik, Mengenlehre

Primitiv rekursive Funktionen und Gödelisierung 13

Lemma 13.1 *Die Funktionen*

$$x + y, \quad x \cdot y, \quad x^y, \quad x!, \quad x \mathbin{\dot{-}} y$$

sind primitiv rekursiv.

Dabei ist

$$x \mathbin{\dot{-}} y = \begin{cases} x - y & \text{wenn } y \leq x \\ 0 & \text{sonst.} \end{cases}$$

Beweis $x + y$ läßt sich, wie die anderen Funktionen, leicht durch primitive Rekursion definieren:

$$x + 0 = x, \quad x + (y + 1) = S(x + y).$$

Ein Problem stellt vielleicht $x \mathbin{\dot{-}} y$ dar. Zuerst definieren wir $y \mathbin{\dot{-}} 1$ durch $0 \mathbin{\dot{-}} 1 = 0$ und $(y + 1) \mathbin{\dot{-}} 1 = y$. Und dann $x \mathbin{\dot{-}} 0 = x$ und $x \mathbin{\dot{-}} (y + 1) = (x \mathbin{\dot{-}} y) \mathbin{\dot{-}} 1$. $\qquad \square$

Definition

Eine Relation (oder *Prädikat*) R heißt (primitiv) rekursiv, wenn die charakteristische Funktion

$$K_R(x_1, \ldots, x_n) = \begin{cases} 0 & \text{wenn } R(x_1, \ldots, x_n) \\ 1 & \text{sonst} \end{cases}$$

(primitiv) rekursiv ist.

© Springer International Publishing Switzerland 2017
M. Ziegler, *Mathematische Logik*, Mathematik Kompakt, DOI 10.1007/978-3-319-44180-1_13

Zum Beispiel ist die Relation $x \doteq 0$ primitiv rekursiv, weil $K_{\doteq 0}(0) = 0$ und $K_{\doteq 0}(x + 1) = 1$. Die Relation $x < y$ ist primitiv rekursiv, weil $K_<(x, y) = K_{\doteq 0}((x + 1) \doteq y)$.

Lemma 13.2 *Wenn P und Q (primitiv) rekursive Prädikate sind, dann auch $P \wedge Q$, $P \vee Q$, $\neg P$ und $P(f_1(x_1, \ldots, x_n), \ldots, f_k(x_1, \ldots, x_n))$ für alle (primitiv) rekursiven $f_1, \ldots, f_k$.*

Beweis Es ist

$$K_{P \vee Q} = K_P \cdot K_Q$$
$$K_{\neg P} = 1 \doteq K_P$$
$$P \wedge Q \Leftrightarrow \neg(\neg P \vee \neg Q).$$

Wenn man die f_i in die charakteristische Funktion von P einsetzt, erhält man die charakteristische Funktion von $P(f_1(x_1, \ldots, x_n), \ldots, f_k(x_1, \ldots, x_n))$. $\qquad\square$

Lemma 13.3 *Wenn $P_0, \ldots, P_{n-1}$ (primitiv) rekursive Prädikate und $f_0, \ldots, f_n$ (primitiv) rekursive Funktionen sind, so ist auch*

$$f(\overline{x}) = \begin{cases} f_0(\overline{x}) & \text{falls } P_0(\overline{x}) \\ f_1(\overline{x}) & \text{falls } \neg P_0(\overline{x}) \wedge P_1(\overline{x}) \\ \vdots \\ f_n(\overline{x}) & \text{falls } \neg P_0(\overline{x}) \wedge \ldots \wedge \neg P_{n-1}(\overline{x}) \end{cases}$$

(primitiv) rekursiv.

Beweis Die Prädikate $Q_0 = P_0$, $Q_1 = \neg P_0 \wedge P_1, \ldots, Q_n = \neg P_0 \wedge \ldots \wedge \neg P_{n-1}$ sind (primitiv) rekursiv, also auch

$$f(\overline{x}) = \sum_{i=0}^{n}(1 \doteq K_{Q_i}(\overline{x}))f_i(\overline{x}). \qquad\square$$

Lemma 13.4 *Sei P (primitiv) rekursiv. Dann sind auch die Relationen*

$$R(\overline{x}, z) \Leftrightarrow \forall y < z \ P(\overline{x}, y)$$
$$S(\overline{x}, z) \Leftrightarrow \exists y < z \ P(\overline{x}, y)$$

(primitiv) rekursiv.

Beweis Man definiert R durch primitive Rekursion:

$$R(\overline{x}, 0) \Leftrightarrow \text{wahr}$$

$$R(\overline{x}, z + 1) \Leftrightarrow R(\overline{x}, z) \wedge P(\overline{x}, z)$$

Schließlich ist $S(\overline{x}, z) \Leftrightarrow \neg \forall y < z \, \neg P(\overline{x}, y)$ ☐

Lemma 13.5 $R(\overline{x}, y)$ *sei eine primitiv rekursive Relation und* $b(\overline{x})$ *eine primitiv rekursive Funktion. Wenn*

$$\forall \overline{x} \, \exists y \leq b(\overline{x}) \, R(\overline{x}, y),$$

ist

$$f(\overline{x}) = \mu y \, R(\overline{x}, y)$$

primitiv rekursiv.

Beweis Die Funktion $h(\overline{x}, y) = \mu z \, (R(\overline{x}, z) \vee z = y)$ ist primitiv rekursiv, weil $h(\overline{x}, 0) = 0$ und

$$h(\overline{x}, y + 1) = \begin{cases} h(\overline{x}, y) & \text{falls } R(\overline{x}, h(\overline{x}, y)) \\ y + 1 & \text{sonst.} \end{cases}$$

Es ist $f(\overline{x}) = h(\overline{x}, b(\overline{x}))$. ☐

Beispiel

- $x \mid y$ (*x teilt y*) ist primitiv rekursiv (Lemma 13.4).
- x *ist Primzahl* ist primitiv rekursiv (Lemma 13.4).
- $\mathrm{p}(x) = (x + 1)$-*te Primzahl* ist primitiv rekursiv nach Lemma 13.5, weil sich μy in

$$\mathrm{p}(x + 1) = \mu y \, (y \text{ prim} \wedge y > \mathrm{p}(x))$$

durch $\mathrm{p}(x)! + 1$ beschränken läßt.

Wir schreiben p_n für $\mathrm{p}(n)$.

Lemma 13.6 *Durch*

$$\langle x_0, \ldots, x_{n-1} \rangle = \mathrm{p}_0^{x_0} \ldots \mathrm{p}_{n-2}^{x_{n-2}} \mathrm{p}_{n-1}^{x_{n-1}+1} - 1$$

ist eine Bijektion

$$\langle\ \rangle: \mathbb{N}^* \to \mathbb{N}$$

definiert. Es gilt

a) Die zweistellige Komponentenfunktion $(x)_i$, *definiert durch*

$$\left(\langle x_0, \dots, x_{n-1}\rangle\right)_i = \begin{cases} x_i & (i < n) \\ 0 & sonst \end{cases}$$

ist primitiv rekursiv.
b) Die Längenfunktion $\lg(x)$, *definiert durch*

$$\lg\left(\langle x_0, \dots, x_{n-1}\rangle\right) = n$$

ist primitiv rekursiv.
c) Für alle n ist $\langle\ \rangle: \mathbb{N}^n \to \mathbb{N}$ *primitiv rekursiv.*
d) Für alle x ist $\lg(x) \le x$. *Wenn* $x > 0$, *ist* $(x)_i < x$.

Wir nennen $\langle x_0, \dots, x_{n-1}\rangle$ die *Gödelnummer* der Folge $(x_0, \dots, x_{n-1})$.

Beweis c) Folgt aus 13.1.
d) Klar
b) Es ist

$$\lg(x) = \mu y\ \forall z \le x\left(y \le z \to \mathrm{p}(z) \nmid (x+1)\right).$$

y kann durch x beschränkt werden. Wende jetzt die Lemmas 13.4 und 13.5 an.
a) Es ist

$$(x)_i = \begin{cases} \mu y\ \ \mathrm{p}(i)^{y+1} \nmid (x+1) & (i < \lg(x) - 1) \\ \mu y\ \ \mathrm{p}(i)^{y+2} \nmid (x+1) & (i = \lg(x) - 1) \\ 0 & (i \ge \lg(x) - 1) \end{cases}$$

y ist durch $x \mathbin{\dot-} 1$ beschränkt. $\square$

Wenn es uns nur auf Rekursivität ankommt, sind nur die beiden Eigenschaften a) und b) von Bedeutung. Sei $\beta: \mathbb{N} \to \mathbb{N}$ eine rekursive Bijektion. Dann definiert

$$\langle x_0, \dots, x_{n-1}\rangle^\beta = \beta\ \langle x_0, \dots, x_{n-1}\rangle$$

eine Gödelnumerierung mit rekursiver Komponentenfunktion und rekursiver Längenfunktion. Es gilt aber auch die Umkehrung:

▶ **Bemerkung** Sei $[\ ]\colon \mathbb{N}^* \to \mathbb{N}$ eine Gödelnumerierung mit rekursiver Komponentenfunktion $[x]_i$ und rekursiver Längenfunktion $\mathrm{Lg}(x)$. Dann gibt es eine rekursive Bijektion $\beta\colon \mathbb{N} \to \mathbb{N}$ mit $[\ ] = \langle\ \rangle^\beta$.

Beweis Man definiert β durch

$$\beta(s) = \mu t\ \big(\mathrm{Lg}(t) = \mathrm{lg}(s) \wedge \forall i < \mathrm{lg}(s)\ [t]_i = (s)_i\big). \qquad \Box$$

Die Umkehrung $\beta^{-1}(x) = (\mu y\ \beta(y) = x)$ einer rekursiven Bijektion ist wieder rekursiv.

Gödelisierung von Registermaschinen Wir ordnen allen Befehlen, Maschinen, Wörtern und Konfigurationen eine Zahl, ihre *Gödelnummer* zu:

Objekt	Gödelnummer
Stopbefehl $b = \mathtt{STOP}$	$\ulcorner b \urcorner = 0$
Schreibbefehl $b = \mathtt{PUSH}(r, l)$	$\ulcorner b \urcorner = \langle r, l \rangle$
Verzweigung $b = \mathtt{GOTO}(r, c_0, \dots, c_L)$	$\ulcorner b \urcorner = \langle r, c_0, \dots, c_L \rangle$
Maschine $\mathcal{M} = (b_0, \dots, b_N)$	$\ulcorner \mathcal{M} \urcorner = \langle \ulcorner b_0 \urcorner, \dots, \ulcorner b_N \urcorner \rangle$
Wort $w = (a_{i_1}, \dots, a_{i_n})$	$\ulcorner w \urcorner = \langle i_1, \dots, i_n \rangle$
Konfiguration $\mathcal{K} = (c, R_0, \dots, R_{R-1})$	$\ulcorner \mathcal{K} \urcorner = \langle c, \ulcorner R_0 \urcorner, \dots, \ulcorner R_{R-1} \urcorner \rangle$

Lemma *Es gibt eine primitiv rekursive Funktion* $\mathrm{N}(x, y)$, *sodaß für alle Maschinen* $\mathcal{M}$ *und passenden Konfigurationen* $\mathcal{K}$

$$\mathrm{N}(\ulcorner \mathcal{M} \urcorner, \ulcorner \mathcal{K} \urcorner) = \ulcorner \mathcal{M}(\mathcal{K}) \urcorner.$$

Beweis Wir überlegen zuerst, daß die folgenden Funktionen primitiv rekursiv sind:

$$\mathrm{Ers}(\langle x_0, \dots, x_i, \dots, x_{n-1} \rangle, i, y) = \langle x_0, \dots, y, \dots, x_{n-1} \rangle$$
$$\mathrm{Anh}(\langle x_0, \dots, x_{n-1} \rangle, y) = \langle x_0, \dots, x_{n-1}, y \rangle$$
$$\mathrm{Str}(\langle x_0, \dots, x_{n-1} \rangle) = \langle x_0, \dots, x_{n-2} \rangle$$

In der Tat ist

$$\mathrm{Ers}(x, i, y) = \mu z\ \big(\mathrm{lg}(z) = \mathrm{lg}(x) \wedge \forall j < \mathrm{lg}(x)(j \neq i \to (z)_j = (x)_j) \wedge (z)_i = y\big).$$

Wegen $\mathrm{Ers}(x, i, y) < (x + 1)\mathrm{p}(i)^{y+2}$ läßt sich Lemma 13.5 anwenden. Weiterhin ist

$$\mathrm{Anh}(x, y) = \mu z \left(\lg(z) = \lg(x) + 1 \wedge \forall j < \lg(x)((z)_j = (x)_j) \wedge (z)_{\lg(x)} = y \right).$$

Wieder hat man eine primitiv rekursive Schranke:

$$\mathrm{Anh}(x, y) < (x + 1)\mathrm{p}(\lg(x))^{y+2}$$

Schließlich ist

$$\mathrm{Str}(x) = \mu z \left(\lg(z) = \lg(x) \mathbin{\dot-} 1 \wedge \forall j < \lg(z)((z)_j = (x)_j) \right)$$

und $\mathrm{Str}(x) < (x + 1)\mathrm{p}(\lg(x) \mathbin{\dot-} 1)$.

Um $\mathrm{N}(m, k)$ zu definieren, verwenden wir die Abkürzungen $c = (k)_0$, $b = (m)_c$, $r = (b)_0$, $w = (k)_{r+1}$, $l = \lg(w) \mathbin{\dot-} 1$ und $a = (w)_l$. Dann ist

$$\mathrm{N}(m, k) = \begin{cases} k & (\lg(b) < 2) \\ \mathrm{Ers}\big(\mathrm{Ers}(k, 0, c + 1), r + 1, \mathrm{Str}(w)\big) & (\lg(b) = 2 \wedge (b)_1 = 0) \\ \mathrm{Ers}\big(\mathrm{Ers}(k, 0, c + 1), r + 1, \mathrm{Anh}(w, (b)_1)\big) & (\lg(b) = 2 \wedge (b)_1 > 0) \\ \mathrm{Ers}(k, 0, (b)_{a+1}) & (\lg(b) > 2). \end{cases} \qquad \square$$

Beweis von 12.1 Wir zeigen, daß jede berechenbare Funktion $f(x_1, \dots, x_n)$ rekursiv ist. Wir machen Gebrauch von den folgenden Funktionen und Relationen, die man leicht als primitiv rekursiv erkennt:

$$\mathrm{Eingabe}(R, x_1, \dots, x_n) = \ulcorner \big(0, \emptyset, \underbrace{|^{x_1}, \dots, |^{x_n}}_{n}, \underbrace{\emptyset, \dots, \emptyset}_{R-n-1}\big) \urcorner$$

ist die Anfangskonfiguration einer R-Registermaschine mit Eingabe $x_1, \dots, x_n$.

$$\mathrm{Stop}(m, k) \iff m_{(k)_0} = 0$$

trifft auf eine Maschine $m = \ulcorner \mathcal{M} \urcorner$ und eine Konfiguration $k = \ulcorner \mathcal{K} \urcorner$ zu, wenn $\mathcal{K}$ eine Stopkonfiguration von $\mathcal{M}$ ist.

$$\mathrm{Ausgabe}(k) = \lg((k)_1)$$

ist der Inhalt von Register $\mathcal{R}_0$, als Zahl interpretiert.

$$\mathrm{N}^s(m, k)$$

ist die s-fach iterierte Nachfolgerfunktion, definiert durch $N^0(m, k) = k$ und $N^{s+1}(m, k) = N(m, N^s(m, k))$.

Wir definieren das primitiv rekursive *Kleene[1]-Prädikat*

$$T_n(m, x_1, \ldots, x_n, g) \Longleftrightarrow N^{(g)_1}\big(m, \text{Eingabe}(m, x_1, \ldots, x_n)\big) = (g)_2$$
$$\wedge \text{Stop}\big(m, (g)_2\big) \wedge \text{Ausgabe}\big((g)_2\big) = (g)_0,$$

das besagt, daß die Maschine m mit der Eingabe $x_1, \ldots, x_n$ (und m Registern) nach $(g)_1$ Schritten bei der Konfiguration $(g)_2$ und mit der Ausgabe $(g)_0$ stoppt. Beachte, daß m eine grobe Schranke für die von $\mathcal{M}$ benötigte Registerzahl ist.

Wenn f von $\mathcal{M}$ berechnet wird, ist

$$f(x_1, \ldots, x_n) = \big(\mu g \, T_n(\ulcorner \mathcal{M} \urcorner, x_1, \ldots, x_n, g)\big)_0. \tag{13.1}$$

f ist also rekursiv. Man nennt (13.1) die *Kleene-Normalform* von f. □

Unser Beweis der Umkehrung von 12.1 macht keinen Gebrauch von den Details der Definition der Arbeitsweise von Registermaschinen. Er zeigt, daß *alle* irgendwie systematisch arbeitenden Rechenmaschinen nur rekursive Relationen berechnen können. Man nennt diese Erfahrungstatsache die

Churchsche[2] These

Alle irgendwie berechenbaren Funktionen sind rekursiv.

Übungsaufgaben

52. Zeigen Sie, daß eine Funktion $F: \underbrace{\mathcal{A}^* \times \ldots \mathcal{A}^*}_{n} \to \mathcal{A}^*$ genau dann berechenbar ist, wenn sich die Gödelnummer von $F(w_1, \ldots, w_n)$ aus den Gödelnummern der $w_1, \ldots, w_n$ rekursiv berechnen läßt.
53. Zeigen Sie, daß alle Funktionen $\mathbb{N}^n \to \mathbb{N}$, die sich von einer Turingmaschine berechnen lassen, rekursiv sind.
54. Wir nennen eine Folge $a = (a_0, \ldots, a_{n-1})$ von Tripeln $\langle x, y, z \rangle$ eine *Berechnung* der Ackermannfunktion, wenn gilt:
    - Wenn $(x, 0, z)$ in a vorkommt, ist $z = x + 1$.
    - Wenn $(0, y + 1, z)$ in a vorkommt, gehört $(1, y, z)$ zu a.
    - Wenn $(x + 1, y + 1, z)$ in a vorkommt, dann gibt es ein w, sodaß $(x, y + 1, w)$ und (w, y, z) zu a gehören.

    Beweisen Sie:
    1. Die Menge B aller Berechnungen der Ackermannfunktion ist primitiv rekursiv.
    2. $A(x, y) = z$ gdw. $\langle x, y, z \rangle$ in einem $a \in B$ vorkommt.
    3. A ist rekursiv.

---

[1] Stephen Cole Kleene (1909–1994) Madison (Wisconsin). Rekursionstheorie
[2] Alonzo Church (1903–1995) Princeton, Los Angeles. Mathematische Logik

Rekursiv aufzählbare Mengen 14

Eine Relation R heißt rekursiv aufzählbar (r. a.), wenn für eine rekursive Relation $\overline{R}$

$$R(x_1, \ldots, x_n) \iff \exists y\, \overline{R}(x_1, \ldots, x_n, y).$$

Insbesondere sind rekursive Relationen rekursiv aufzählbar.

Lemma 14.1 *Wenn P und R rekursiv aufzählbar und die f_i rekursive Funktionen sind, dann sind auch*

1. $P \vee R$
2. $P \wedge R$
3. $\exists z\, R(x_1, \ldots, x_n, z)$
4. $T(x_1, \ldots, x_n, w) \iff \forall z < w\, R(x_1, \ldots, x_n, z)$
5. $R(f_1(x_1, \ldots, x_n), \ldots, f_k(x_1, \ldots, x_n))$

rekursiv aufzählbar.

Beweis 1. $P(\overline{x}) \vee R(\overline{x}) \iff \exists y\, \left(\overline{P}(\overline{x}, y) \vee \overline{R}(\overline{x}, y)\right)$
2. $P(\overline{x}) \wedge R(\overline{x}) \iff \exists s\, \left(\overline{P}(\overline{x}, (s)_0) \wedge \overline{R}(\overline{x}, (s)_1)\right)$
3. $\exists z\, R(\overline{x}, z) \iff \exists s\, \overline{R}(\overline{x}, (s)_0, (s)_1)$
4. $T(\overline{x}, w) \iff \exists s\, \forall z < w\, \overline{R}(\overline{x}, z, (s)_z)$
5. $R(f_1(\overline{x}), \ldots, f_k(\overline{x})) \iff \exists y\, \overline{R}(f_1(\overline{x}), \ldots, f_k(\overline{x}), y)$ $\qquad\square$

Lemma *Eine Menge von natürlichen Zahlen ist genau dann rekursiv aufzählbar, wenn sie leer ist oder das Bild einer rekursiven Funktion.*

© Springer International Publishing Switzerland 2017
M. Ziegler, *Mathematische Logik*, Mathematik Kompakt, DOI 10.1007/978-3-319-44180-1_14

Beweis Das Bild R der rekursiven Funktion f ist rekursiv aufzählbar, weil $R(x) \Longleftrightarrow \exists z \; f(z) = x$.

Wenn umgekehrt $R(x) \Longleftrightarrow \exists y \; \overline{R}(x, y)$ und $r \in R$, ist R Bild der rekursiven Funktion

$$f(x) = \begin{cases} (x)_0 & \text{wenn } \overline{R}((x)_0, (x)_1) \\ r & \text{sonst} \end{cases} \qquad \Box$$

Satz   *Es gibt eine* universelle *rekursiv aufzählbare Relation $U \subset \mathbb{N}^2$. Das heißt*

a) U ist rekursiv aufzählbar.

b) Für jede rekursiv aufzählbare Menge R gibt es ein e, sodaß

$$R = \{x \mid U(e, x)\}.$$

Man nennt $W_e = \{x \mid U(e, x)\}$ die e-te rekursiv aufzählbare Menge.

Beweis Sei $S(x, y)$ rekursiv und $\mathcal{M}$ eine Maschine, die versucht $\mu y \; K_S(x, y) = 0$ zu berechnen. M stoppt genau dann bei der Eingabe x, wenn $\exists y \; S(x, y)$. Wir haben also $\exists y \; S(x, y) \Longleftrightarrow \exists g \; T_1(\ulcorner \mathcal{M} \urcorner, x, g)$. Die rekursiv aufzählbare Relation

$$U(e, x) \Longleftrightarrow \exists g \; T_1(e, x, g)$$

ist also universell. $\Box$

Folgerung 14.2   *Es gibt eine Menge, die rekursiv aufzählbar, aber nicht rekursiv ist.*

Beweis $\neg U(x, x)$ kann nicht die Form W_e haben, weil $\neg U(e, e) \Longleftrightarrow e \notin W_e$. Also ist $\neg U(x, x)$ nicht rekursiv aufzählbar. $U(x, x)$ ist daher nicht rekursiv, aber rekursiv aufzählbar. $\Box$

Lemma 14.3   *R ist genau dann rekursiv, wenn R und $\neg R$ rekursiv aufzählbar sind.*

Beweis Sei $R(\overline{x}) \Longleftrightarrow \exists y \; \overline{V}(\overline{x}, y)$ und $\neg R(\overline{x}) \Longleftrightarrow \exists y \; \overline{W}(\overline{x}, y)$ für rekursive $\overline{V}$ und $\overline{W}$. Dann ist

$$g(\overline{x}) = \mu y \left(\overline{V}(\overline{x}, y) \vee \overline{W}(\overline{x}, y) \right)$$

für alle $\overline{x}$ definiert und rekursiv. Und wir haben

$$R(\overline{x}) \Longleftrightarrow \overline{V}(\overline{x}, g(\overline{x})). \qquad \Box$$

Übungsaufgaben

55. Eine auf einer Teilmenge von $\mathbb{N}^n$ definierte Funktion heißt *partiell rekursiv,* wenn ihr Graph rekursiv aufzählbar ist.
    1. Zeigen Sie, daß die partiell rekursiven Funktionen genau die berechenbaren partiellen Funktionen sind.
    2. Wie muß man die Regeln **R0** bis **R3** modifizieren, sodaß sich genau die partiell rekursiven Funktionen ergeben?

56. (Unlösbarkeit des Halteproblems) Zeigen Sie, daß man nicht entscheiden kann, ob eine vorgelegte Registermaschine mit leerer Eingabe stoppt.
    Hinweis: Sei A eine rekursiv aufzählbare, aber nicht rekursive Menge. Sei $\mathcal{M}$ eine Maschine, die die partielle Funktion $A \times \{0\}$ berechnet. Betrachte für jedes n die Maschine $\mathcal{M}_n$, die bei leerer Eingabe so läuft wie $\mathcal{M}$ mit Eingabe n.

57. Beweisen Sie den *Uniformisierungssatz:* Jede rekursiv aufzählbare Relation $R \subset \mathbb{N}^{n+1}$ läßt sich *uniformisieren.* Dies bedeutet: Es gibt eine partielle rekursive Funktion f_R mit Definitionsbereich $\{\bar{x} \in \mathbb{N}^n \mid \exists y \; R(\bar{x}, y)\}$, deren Graph in R liegt (d. h. $f_R(\bar{x}) = y \Rightarrow R(\bar{x}, y)$).
    Hinweis: Sei R gegeben durch $\exists z \, S(\bar{x}, y, z)$ mit rekursivem S. Wählen Sie für jedes $\bar{x}$ im Definitionsbereich ein minimales $\langle y, z \rangle$ mit $S(\bar{x}, y, z)$, und setzen Sie $f_R(\bar{x}) = y$.
    Es folgt der *Reduktionssatz:* X und Y seien rekursiv aufzählbar. Dann gibt es rekursiv aufzählbare $X' \subset X$ und $Y' \subset Y$ mit $X' \cup Y' = X \cup Y$ und $X' \cap Y' = 0$.
    Hinweis: Uniformisieren Sie $R = X \times \{0\} \cup Y \times \{1\}$.

58. Zeigen Sie: es gibt eine *universelle* zweistellige partiell rekursive Funktion, d. h. eine partiell rekursive Funktion f, so daß $\{ x \mapsto f(x, n) \mid n \in \mathbb{N} \}$ genau die Menge aller einstelligen partiell rekursiven Funktionen ist.
    Hinweis: durch Uniformisierung einer universellen rekursiv aufzählbaren Relation. In der nächsten Aufgabe geben wir explizit eine solche partiell rekursive Funktion an.

59. Definiere für alle n die partiell rekursive Funktion φ^n durch

$$\varphi^n(e, x_1, \ldots, x_n) = \big(\mu g \; T_n(e, x_1, \ldots, x_n, g)\big)_0.$$

Zeigen Sie, daß φ^n universell ist. Das heißt, daß jede n-stellige partiell rekursive Funktion die Form $\varphi^n_e(x_1, \ldots, x_n) = \varphi^n(e, x_1, \ldots, x_n)$ hat.

60. Beweisen Sie den **s-m-n**-Satz: Für alle n, m gibt es eine rekursive Funktion $s^m_n : \mathbb{N}^{m+1} \to \mathbb{N}$, sodaß für alle $e, x_1, \ldots, x_m, y_1, \ldots, y_n$

$$\varphi^{m+n}_e(x_1, \ldots, x_m, y_1, \ldots, y_n) = \varphi^n_{s^m_n(e, x_1, \ldots, x_m)}(y_1, \ldots, y_n).$$

61. Beweisen Sie den Kleeneschen Fixpunktsatz: Für jedes n und jede rekursive Funktion $h : \mathbb{N} \to \mathbb{N}$ gibt es ein e mit $\varphi^n_{h(e)} = \varphi^n_e$.
    Hinweis: Das Beweisverfahren ist das gleiche wie für den Fixpunktsatz 11.1. Der s-m-n-Satz liefert eine rekursive Funktion f mit $\varphi^n(h(\varphi^1(y, y)), \bar{x}) = \varphi^n_{f(y)}(\bar{x})$. Wähle ein a mit $f = \varphi^1_a$, und setze $e = f(a)$.

Gödelnummern von Formeln

15

Sei $L = \{\lambda_1, \ldots, \lambda_l\}$ eine endliche Sprache[1]. Wir ordnen den Zeichen ζ

$$\doteq \qquad \wedge \qquad \neg \qquad (\qquad) \qquad \exists$$
$$\lambda_1 \qquad \ldots \qquad \lambda_l \qquad v_0 \qquad v_1 \qquad \ldots$$

die folgenden Gödelnummern $\ulcorner \zeta \urcorner$ zu:

$$\langle 0,0 \rangle \quad \langle 0,1 \rangle \quad \langle 0,2 \rangle \qquad \langle 0,3 \rangle \quad \langle 0,4 \rangle \quad \langle 0,5 \rangle$$
$$\langle 0,6 \rangle \quad \ldots \quad \langle 0, l+5 \rangle \quad \langle 1,0 \rangle \quad \langle 1,1 \rangle \quad \ldots$$

Eine Zeichenreihe $\varphi = \zeta_1 \zeta_2 \ldots \zeta_n$ hat die Gödelnummer[2]

$$\ulcorner \varphi \urcorner = \langle \ulcorner \zeta_1 \urcorner, \ulcorner \zeta_2 \urcorner, \ldots, \ulcorner \zeta_n \urcorner \rangle.$$

Ob eine vorgelegte Zeichenfolge ein Term, eine Formel oder eine Aussage ist, läßt sich leicht entscheiden. Das folgende Lemma ergibt sich also sofort aus Church's These, sofern es nur um Rekursivität geht. Die primitive Rekursivität beweist man leicht mit den Methoden des Kap. 13.

Lemma *Die folgenden Mengen sind rekursiv (sogar primitiv rekursiv).*

1. $\{\ulcorner t \urcorner \mid t \ L\text{-}Term\}$
2. $\{\ulcorner \varphi \urcorner \mid \varphi \ L\text{-}Formel\}$
3. $\{\ulcorner \varphi \urcorner \mid \varphi \ L\text{-}Aussage\}$ $\qquad\qquad\qquad\qquad\qquad\qquad\qquad\qquad\qquad$ □

---

[1] Die Ergebnisse dieses Kapitels verallgemeinern sich leicht auf *rekursive* Sprachen. Das sind Sprachen mit Aufzählungen (c_i), (f_i), (R_i) der Konstanten, Funktionszeichen und Relationszeichen, deren Stelligkeiten rekursiv von i abhängen.

[2] Im Kap. 11 bezeichnete $\ulcorner \psi \urcorner$ einen Mengenterm, hier eine Zahl.

© Springer International Publishing Switzerland 2017 $\qquad\qquad\qquad\qquad\qquad$ 109
M. Ziegler, *Mathematische Logik*, Mathematik Kompakt, DOI 10.1007/978-3-319-44180-1_15

Definition
Eine Theorie T heißt

1. effektiv axiomatisierbar, wenn $\{\ulcorner\varphi\urcorner \mid \varphi \in T\}$ rekursiv aufzählbar ist.
2. entscheidbar, wenn $\{\ulcorner\varphi\urcorner \mid T \vdash \varphi\}$ rekursiv ist.

Ein Beweis von φ ist eine Folge $\varphi_0, \ldots, \varphi_n = \varphi$ von Formeln, die logische Axiome sind oder aus jeweils früheren Formeln mit Modus Ponens oder $\exists$-Einführung folgen (siehe Beweis von Lemma 4.2). Die Gödelnummer eines solchen Beweises ist $\langle\ulcorner\varphi_0\urcorner, \ldots, \ulcorner\varphi_n\urcorner\rangle$.
Das nächste Lemma zeigt man leicht mit den Methoden des Kap. 13.

Lemma $\{(x, \ulcorner\varphi\urcorner) \mid x$ *ist Gödelnummer eines Beweises von* $\varphi\}$ *ist primitiv rekursiv.*
$\square$

Folgerung $\{\ulcorner\varphi\urcorner \mid \vdash \varphi\}$ *ist rekursiv aufzählbar.*

Beweis

$$\vdash \varphi \iff \exists x \ (x \text{ ist Gödelnummer eines Beweises von } \varphi) \qquad \square$$

Wir werden in Aufgabe 75 sehen, daß die Menge der allgemeingültigen „zweitstufigen" Aussagen im allgemeinen nicht rekursiv aufzählbar ist.

Satz *Wenn* T *effektiv axiomatisierbar ist, ist* $\{\ulcorner\varphi\urcorner \mid T \vdash \varphi\}$ *rekursiv aufzählbar.*

Beweis Die Funktion f, die der Gödelnummer einer Folge von Formeln $\varphi_0, \ldots, \varphi_n$ die Gödelnummer der Implikation $(\varphi_1 \wedge \ldots, \varphi_n) \rightarrow \varphi_0$ zuordnet, ist rekursiv. Sei $T^* = \{\ulcorner\varphi\urcorner \mid \varphi \in T\}$ und $A = \{\ulcorner\varphi\urcorner \mid \vdash \varphi\}$. Weil T^* und A rekursiv aufzählbar sind, ist auch

$$\{\ulcorner\varphi\urcorner \mid T \vdash \varphi\} = \{(x)_0 \mid f(x) \in A \wedge \forall i < \lg(x) \ (0 < i \rightarrow (x)_i \in T^*)\}$$

rekursiv aufzählbar. $\square$

Definition
Eine widerspruchsfreie L-Theorie T heißt vollständig, wenn für jede L-Aussage φ entweder

$$T \vdash \varphi \quad \text{oder} \quad T \vdash \neg\varphi$$

gilt.

Folgerung *Wenn T effektiv axiomatisierbar und vollständig ist, ist T entscheidbar.*

Beweis Sei A die Menge der Gödelnummern aller L-Aussagen, und B die Menge der Gödelnummern der in T beweisbaren L-Aussagen. Sei f eine rekursive Funktion mit $f(\ulcorner \varphi \urcorner) = \ulcorner \neg \varphi \urcorner$. Aus der Vollständigkeit von T folgt dann

$$x \notin B \;\Leftrightarrow\; x \notin A \vee f(x) \in B.$$

Mit Lemma 14.3 folgt die Behauptung. $\qquad\square$

Übungsaufgaben

62. Wenn man eine entscheidbare Theorie um endlich viele Axiome erweitert, erhält man wieder eine entscheidbare Theorie.
63. Jede entscheidbare L-Theorie läßt sich zu einer vollständigen entscheidbaren L-Theorie erweitern.
    Hinweis: Siehe Schritt 2 im Beweis von Satz 4.3.
64. Sei $\mathfrak{A}$ eine abzählbare L-Struktur mit einer Aufzählung $A = \{a_i \mid i \in \mathbb{N}\}$ der Grundmenge. $\mathfrak{A}$ heißt *stark rekursiv*, wenn für alle L-Formeln $\varphi(x_1, \ldots, x_n)$ die Menge

    $$\{(i_1, \ldots, i_n) \mid \mathfrak{A} \models \varphi[a_{i_1}, \ldots, a_{i_n}]\}$$

    rekursiv ist. Zeigen Sie: Wenn T konsistent und entscheidbar ist, hat T ein stark rekursives Modell.
    Hinweis: Folge dem Beweis von Satz 4.3, und verwende Aufgabe 63.
65. Jede effektiv axiomatisierbare Theorie hat eine rekursive Axiomatisierung. Das heißt, daß es zu jedem effektiv axiomatisierbaren T ein rekursives T' gibt, das dieselben Modelle hat.
    Hinweis: Sei $(\varphi_e)_{e \in \mathbb{N}}$ eine effektive Aufzählung von T. Setze $T' = \{\underbrace{\varphi_e \wedge \cdots \wedge \varphi_e}_{e+1 \text{ mal}} \mid e \in \mathbb{N}\}$.

Ein anderer Aufbau der rekursiven Funktionen 16

Satz 16.1 *Alle rekursiven Funktionen lassen sich aus den Grundfunktionen*

$$S(x), \ I_i^n, \ C_0^0, \ +, \ \cdot, \ K_<$$

durch Anwenden der Regeln **R1** *(Einsetzung) und* **R3** *(μ-Rekursion) gewinnen.*

Wir werden den Satz im Rest dieses Kapitels beweisen. Wir nennen die Funktionen, die sich so aufbauen wie im Satz angegeben, *$*$-rekursiv*. Wenn wir zeigen können, daß die Klasse der $*$-rekursiven Funktionen abgeschlossen ist unter primitiver Rekursion (Regel **R2**), sind wir fertig.

Lemma *1. $x \dot- y$ ist $*$-rekursiv.*
2. Die Klasse der $*$-rekursiven Relationen ist abgeschlossen unter Booleschen Kombinationen und beschränkter Quantifizierung. (Siehe Lemma 13.2 und 13.4.)
3. $x \doteq y$ ist $*$-rekursiv.
4. $x = y \pmod{z}$ ist $*$-rekursiv.
5. Die Klasse der $*$-rekursiven Funktionen ist abgeschlossen unter Definition durch Fallunterscheidung. (Siehe Lemma 13.3.)

Beweis 1. $x \dot- y \ = \ \mu z \ \ x < (y + z) + 1$
2. Die Abgeschlossenheit unter booleschen Kombinationen sieht man wie in Lemma 13.2.
   Wenn $P(x, y)$ $*$-rekursiv ist, definieren wir

$$g(x, z) = \mu y \left(P(x, y) \vee y \doteq z \right).$$

© Springer International Publishing Switzerland 2017
M. Ziegler, *Mathematische Logik*, Mathematik Kompakt, DOI 10.1007/978-3-319-44180-1_16

Dann ist

$$\exists y < z \; P(x, y) \Leftrightarrow g(x, z) < z$$

$*$-rekursiv.

3. $x \doteq y \Leftrightarrow (\neg \, x < y \wedge \neg \, y < x)$

4. $x \equiv y \pmod{z} \Leftrightarrow \exists w < (x + y + 1)\big(x \doteq y + wz \vee y \doteq x + wz\big)$

5. Wie Lemma 13.3.   □

Lemma 16.2 (Gödels β-Funktion) *Es gibt eine $*$-rekursive Funktion $\beta(a, b, i)$ mit folgender Eigenschaft: Für jede endliche Folge $c_0, c_1, \ldots, c_{n-1}$ gibt es a und b, sodaß*

$$\beta(a, b, i) = c_i$$

für $i = 0, \ldots, n - 1$.

Beweis

$$\beta(a, b, i) = \mu z \; z \equiv a \pmod{b(i + 1) + 1}$$

ist $*$-rekursiv. Seien $c_0, c_1, \ldots, c_{n-1}$ gegeben. Wir wählen für b eine Zahl, die durch alle Zahlen zwischen 1 und n teilbar ist und die größer ist als alle c_i. Dann sind die $b \cdot 1 + 1, b \cdot 2 + 1, \ldots, b \cdot n + 1$ paarweise teilerfremd. Wenn nämlich p ein Primteiler von $bi + 1$ ist, teilt p nicht b. Würde p auch $bj + 1$ teilen, für ein $j \neq i$, wäre p ein Teiler von $b(j - i)$ und daher auch von $j - i$. $j - i$ könnte kein Teiler von b sein, ein Widerspruch.

a sei eine gemeinsame Lösung der Kongruenzen

$$a \equiv c_0 \qquad \pmod{b \cdot 1 + 1}$$
$$a \equiv c_1 \qquad \pmod{b \cdot 2 + 1}$$
$$\vdots$$
$$a \equiv c_{n-1} \qquad \pmod{b \cdot n + 1}$$

Weil $c_i < b(i + 1) + 1$, ist c_i jeweils die kleinste natürliche Zahl, die zu a kongruent modulo $b(i + 1) + 1$ ist.   □

Beweis von 16.1 Wir müssen zeigen, daß die $*$-rekursiven Funktionen unter primitiver Rekursion abgeschlossen sind. Nehmen wir also an, daß g und h $*$-rekursiv sind und daß f definiert ist durch

$$f(x, 0) = g(x)$$
$$f(x, y + 1) = h(x, y, f(x, y)).$$

Die Relation

$$R(x, y, a, b) \Leftrightarrow \big(\beta(a, b, 0) = g(x) \,\wedge\, \forall i < y \; \beta(a, b, i + 1) = h(x, i, \beta(a, b, i))\big)$$

ist $*$-rekursiv. Offenbar gilt $\forall x, y \,\exists a, b \; R(x, y, a, b)$. Also ist

$$S(x, y) = \mu s \,\exists a, b \leq s \; R(x, y, a, b)$$

$*$-rekursiv. Dann ist

$$f(x, y) = \mu z \,\exists a, b \leq S(x, y) \,\big(R(x, y, a, b) \wedge z = \beta(a, b, y)\big),$$

und f ist $*$-rekursiv. □

Übungsaufgaben

66. 1. Zeigen Sie, daß die Funktion $F(a, b) = \binom{a+b+1}{2} + a$ eine Bijektion zwischen $\mathbb{N}^2$ und $\mathbb{N}$ definiert.
     Hinweis: F bildet die Paare $(0, c), (1, c - 1), \ldots, (c, 0)$ auf die Zahlen $\binom{c+1}{2}, \binom{c+1}{2} + 1, \ldots,$ $\binom{c+1}{2} + c = \binom{c+2}{2} - 1$ ab.
     2. Zeigen Sie, daß die Umkehrfunktion $(f, g) \colon \mathbb{N} \to \mathbb{N}^2$ $*$-rekursiv ist.
     Hinweis: Berechnen Sie zuerst die Funktion $F(a, b) \mapsto a + b$.
     3. Folgern Sie aus 1. und 2., daß es eine zweistellige $*$-rekursive Funktion $\beta'(a, i)$ gibt, für die, *mutatis mutandis*, Lemma 16.2 gilt.

Wir zeigen im ersten Kapitel, daß sich alle rekursiven Funktionen in $\mathfrak{N}$, der Struktur der natürliche Zahlen, definieren lassen. Daraus ergeben sich sofort die Unentscheidbarkeit der Theorie von $\mathfrak{N}$ und der Erste Gödelsche Unvollständigkeitssatz, der besagt, daß jede effektiv aufzählbare Teiltheorie unvollständig sein muß. Damit bleiben in jeder expliziten Axiomatisierung einer Teiltheorie von $\text{Th}(\mathfrak{N})$ Sätze der Zahlentheorie unbeweisbar. Wir werden zwei solche Teiltheorien genauer untersuchen, die sehr schwache Theorie Q und die sogenannte Peanoarithmetik, die die Theorie Q um das Induktionsschema erweitert.

Für die Peanoarithmetik P werden wir dann dann den zweiten Gödelschen Unvollständigkeitssatz beweisen: Die Konsistenz der Peanoarithmetik ist zwar wahr, aber in P nicht beweisbar.

Gentzen hat in [9] bewiesen, daß die Konsistenz der Peanoarithmetik in elementarer Weise aus der „Wohlgeordnetheit von ε_0" folgt (siehe Aufgabe 44). Mehr darüber findet man in Lehrbüchern der Beweistheorie oder in [1].

Definierbare Relationen

Definition

Eine Relation $R \subset \mathbb{N}^n$ heißt arithmetisch, wenn sie in der Struktur

$$\mathfrak{N} = (\mathbb{N}, 0, \mathrm{S}, +, \cdot, <)$$

definierbar ist.

Das bedeutet, daß für eine L_N-Formel φ

$$R(a_1, \ldots, a_n) \iff \mathfrak{N} \vDash \varphi[a_1, \ldots, a_n].$$

Eine Funktion f heißt arithmetisch, wenn ihr Graph arithmetisch ist:

$$f(a_1, \ldots, a_n) = a_0 \iff \mathfrak{N} \vDash \varphi_f[a_0, \ldots, a_n].$$

Lemma 17.1 *Rekursive Funktionen sind arithmetisch.*

Beweis Wir verwenden Satz 16.1: Die Grundfunktionen $\mathrm{S}(x)$, I_i^n, C_0^0, $+$, $\cdot$, $\mathrm{K}_<$ sind klarerweise arithmetisch. Zum Beispiel ist

$$\mathrm{K}_<(a_1, a_2) = a_0 \iff \mathfrak{N} \vDash (a_0 \doteq \underline{0} \wedge a_1 < a_2) \vee (a_0 \doteq \mathrm{S}(\underline{0}) \wedge \neg\, a_1 < a_2).$$

Es bleibt zu zeigen, daß das System aller arithmetischen Funktionen unter den Regeln **R1** und **R3** abgeschlossen ist. Um die Notation zu vereinfachen, nehmen wir an, daß $n = 1$ und $k = 2$ sind.

    R1: Seien h durch φ_h und die g_i durch φ_i definiert. Dann wird $h(g_1(x_1), g_2(x_1)) = x_0$ durch $\exists y_1, y_2 \left(\varphi_1(y_1, x_1) \wedge \varphi_2(y_2, x_1) \wedge \varphi_h(x_0, y_1, y_2) \right)$ definiert.

© Springer International Publishing Switzerland 2017

M. Ziegler, *Mathematische Logik*, Mathematik Kompakt, DOI 10.1007/978-3-319-44180-1_17

R3: Sei $g(x_1, x_2) = x_0$ definiert durch $\varphi(x_0, x_1, x_2)$. Dann wird $\mu x_2 \ (g(x_1, x_2) \doteq 0) = x_0$ definiert durch

$$\varphi(\underline{0}, x_1, x_0) \wedge \forall x_2 < x_0 \neg \varphi(\underline{0}, x_1, x_2).$$

$\square$

Folgerung *Alle rekursiv aufzählbaren Relationen sind arithmetisch.*

Beweis Sei $R(x_1, \ldots, x_n) \Leftrightarrow \exists y \ \overline{R}(x_1, \ldots, x_n, y)$ für eine rekursive Relation $\overline{R}$. Wenn $\varphi(x_0, \ldots, x_n, y)$ die charakteristische Funktion von $\overline{R}$ definiert, wird R definiert von $\exists y \ \varphi(\underline{0}, x_1, \ldots, x_n, y)$. $\square$

Folgerung *Die Theorie*

$$\mathrm{Th}(\mathfrak{N}) = \{\varphi \mid \varphi \ L_N\text{-}Aussage, \ \mathfrak{N} \vDash \varphi\}$$

der natürlichen Zahlen ist unentscheidbar.

Beweis Sei

$$\Delta_a = \mathrm{S}^a(\underline{0})$$

der kanonische L_N-Term, der in $\mathfrak{N}$ die Zahl a darstellt[1]. Wenn $\mathrm{Th}(\mathfrak{N})$ entscheidbar wäre, wären alle arithmetischen Mengen

$$\{a \mid \varphi(\Delta_a) \in \mathrm{Th}(\mathfrak{N})\}$$

rekursiv. Es gibt aber rekursiv aufzählbare Mengen, die nicht rekursiv sind (Folgerung 14.2). $\square$

Es gilt sogar:

Satz $\mathrm{Th}(\mathfrak{N})$ *ist nicht arithmetisch.*

Beweis Betrachte die Relation $U(e, a)$, die genau dann gilt, wenn e die Gödelnummer einer Formel $\varphi = \varphi(v_0)$ ist, für die $\mathfrak{N} \vDash \varphi(\Delta_a)$. Weil jede arithmetische Relation die Form

$$\{a \mid U(e, a)\}$$

---

[1] Rekursive Definition: $\Delta_0 = \underline{0}$, $\Delta_{a+1} = \mathrm{S}(\Delta_a)$

für geeignetes e hat, ist die Relation $\neg U(x, x)$ nicht arithmetisch (siehe Beweis von Folgerung 14.2). Also ist auch U nicht arithmetisch. Daraus folgt, daß $\mathrm{Th}(\mathfrak{N})$ nicht arithmetisch sein kann. $\qquad\square$

Folgerung 17.2 (Erster Gödelscher Unvollständigkeitssatz, [11]) *Jede arithmetische Teiltheorie von* $\mathrm{Th}(\mathfrak{N})$ *ist unvollständig.*

Beweis Wenn T arithmetisch ist, ist auch $T^* = \{\varphi \mid T \vdash \varphi\}$ arithmetisch. Wäre T vollständig, wäre aber $T^* = \mathrm{Th}(\mathfrak{N})$. $\qquad\square$

Übungsaufgaben

67. (Die arithmetische Hierarchie) Eine Relation $R \subset \mathbb{N}^k$ ist eine Σ_n^0-*Relation*, wenn für eine rekursive Relation $\overline{R}$

$$R(x_1, \ldots, x_k) \iff \underbrace{\exists y_1 \forall y_2 \exists y_3 \ldots}_{n \text{ Quantoren}} \overline{R}(x_1, \ldots, x_k, y_1, \ldots, y_n).$$

Komplemente von Σ_n^0-Relationen sind Π_n^0-*Relationen*. Zeigen Sie für $n \geq 1$:
1. Die Klasse der Σ_n^0-Relationen ist unter den gleichen Operationen abgeschlossen wie die Klasse der rekursiv aufzählbaren Relationen in Lemma 14.1: Konjunktion, Disjunktion, Existenzquantifizierung, beschränkte Allquantifizierung und Einsetzung von rekursiven Funktionen.
2. Jede arithmetische Relation ist eine Σ_n^0-Relation für genügend großes n.
3. Es gibt universelle Σ_n^0-Relationen und universelle Π_n^0-Relationen.
4. Es gibt Σ_n^0-Relationen, die nicht Π_n^0 sind und Π_n^0-Relationen, die nicht Σ_n^0 sind.
68. Zwei Teilmengen A und B von $\mathbb{N}$ heißen *rekursiv trennbar*, wenn es eine rekursive Menge R gibt, die A enthält und zu B disjunkt ist. Zeigen Sie, daß sich disjunkte Π_1^0-Mengen rekursiv trennen lassen.
   Hinweis: Verwenden Sie den Reduktionssatz aus Aufgabe 57 auf die Komplemente an.
69. Konstruieren Sie zwei rekursiv aufzählbare Mengen X und Y, für die $X \setminus Y$ und $Y \setminus X$ nicht rekursiv trennbar sind.
   Hinweis: $X = \{x \mid x \in \mathrm{W}_{(x)_0}\}$, $Y = \{x \mid x \in \mathrm{W}_{(x)_1}\}$
   Wenden Sie den Reduktionssatz auf X und Y an, um zwei disjunkte r. a. Mengen zu finden, die nicht rekursiv trennbar sind.

Das System Q

18

Die Axiome des Systems Q sind

Q1 $\forall x \ \ x + \underline{0} \doteq x$
Q2 $\forall x, y \ \ x + S(y) \doteq S(x + y)$
Q3 $\forall x \ \ x \cdot \underline{0} \doteq \underline{0}$
Q4 $\forall x, y \ \ x \cdot S(y) \doteq x \cdot y + x$
Q5 $\forall x \ \ \neg x < \underline{0}$
Q6 $\forall x, y \ \ x < S(y) \longleftrightarrow (x \doteq y \vee x < y)$

Q ist offenbar eine *wahre* L_N-Theorie (damit meinen wir, daß die Axiome von Q in $\mathfrak{N}$ gelten.) Die ersten zwei Axiome kann man auffassen als eine rekursive Definition der Addition, die nächsten beiden als eine rekursive Definition der Multiplikation und die letzten beiden als eine rekursive Definition der Kleiner-Relation. Man erhält zum Beispiel sofort:

> **Lemma 18.1** *Für alle natürlichen Zahlen a und b ist in Q beweisbar:*
>
> **Q*1** $\Delta_a + \Delta_b \doteq \Delta_{a+b}$
> **Q*2** $\Delta_a \cdot \Delta_b \doteq \Delta_{ab}$
> **Q*3** $\forall x \ \ x < \Delta_a \longleftrightarrow \left(x \doteq \Delta_0 \vee x \doteq \Delta_1 \vee \cdots \vee x \doteq \Delta_{a-1} \right)$ $\qquad \square$

Man nennt die Theorie, die aus den drei Axiomenschemata **Q*1**, **Q*2**, **Q*3** besteht, Q*, oder auch *Cobhams Theorie*. Wir fassen Q* als Teiltheorie von Q auf.
Aus **Q*3** folgt sofort (durch Induktion über b):

© Springer International Publishing Switzerland 2017
M. Ziegler, *Mathematische Logik*, Mathematik Kompakt, DOI 10.1007/978-3-319-44180-1_18

Folgerung   *Für alle natürlichen Zahlen a und b*

$$a \neq b \Longrightarrow Q^* \vdash \neg \, \Delta_a \doteq \Delta_b$$
$$a < b \Longrightarrow Q^* \vdash \Delta_a < \Delta_b$$
$$a \not< b \Longrightarrow Q^* \vdash \neg \, \Delta_a < \Delta_b$$

Man schließt leicht daraus (vgl. den Beweis von Satz 18.2):

Folgerung   *Alle wahren quantorenfreien L_N-Aussagen sind in Q^* beweisbar.*

Das läßt sich auch so ausdrücken: Sei $\mathfrak{M}$ ein Modell von Q^* und $\mathfrak{U}$ die Unterstruktur mit Universum $\{\Delta_a^{\mathfrak{M}} \mid a \in \mathbb{N}\}$. Dann ist $\mathfrak{U} \cong \mathfrak{N}$.

Definition

Eine Σ_1-Formel entsteht aus quantorenfreien Formeln durch iteriertes Anwenden von $\wedge$, $\vee$, $\exists x$ und beschränkten Allquantoren

$$\forall x < t.$$

Dabei ist t ein Term, und $\forall x < t \; \varphi$ bedeutet $\forall x \, (x < t \rightarrow \varphi)$.

Eine Σ_1-Formel im engeren Sinn ist eine Formel, die Formeln der Form $\underline{0} \doteq x$, $S(x) \doteq y$, $x + y \doteq z$, $x \cdot y \doteq z$, $x \doteq y$, $\neg \, x \doteq y$, $x < y$, $\neg \, x < y$ durch Anwenden von $\wedge, \vee, \exists x, \forall x < y$.

▶ **Bemerkung**   Jede Σ_1-Formel ist zu einer Σ_1-Formel im engeren Sinn äquivalent.

Beweis Man eliminiert kompliziertere Terme mit Hilfe von Existenzquantoren. Zum Beispiel ist $S(x) + y \doteq S(z)$ äquivalent zu

$$\exists x_1, z_1 \, (S(x) \doteq x_1 \wedge S(z) \doteq z_1 \wedge x_1 + y \doteq z_1). \qquad \square$$

Satz 18.2   *Alle wahren Σ_1-Aussagen sind in Q^* beweisbar.*

Beweis Wir zeigen für alle Σ_1-Formeln $\varphi(x_1, \ldots, x_n)$ im engeren Sinn und alle natürlichen Zahlen $a_1, \ldots, a_n$, daß

$$\mathfrak{N} \vDash \varphi[a_1, \ldots, a_n] \Longrightarrow Q^* \vdash \varphi(\Delta_{a_1}, \ldots, \Delta_{a_n})$$

durch Induktion über den Aufbau von φ. Wenn φ eine Primformel ist, folgt die Behauptung aus Lemma 18.1. Der Induktionsschritt ist einfach, wenn φ eine Konjunktion oder eine Disjunktion ist.

Wenn $\mathfrak{N} \models \exists x_0 \psi[a_1, \ldots, a_n]$, ist $\mathfrak{N} \models \psi[a_0, a_1, \ldots, a_n]$ für ein $a_0 \in \mathbb{N}$. Nach Induktionsvoraussetzung gilt $Q^* \vdash \psi(\Delta_{a_0}, \Delta_{a_1}, \ldots, \Delta_{a_n})$ und daher

$$Q^* \vdash \exists x_0 \psi(x_0, \Delta_{a_1}, \ldots, \Delta_{a_n}).$$

Wenn $\mathfrak{N} \models (\forall x_0 < x_1 \psi)[a_1, \ldots, a_n]$, ist $\mathfrak{N} \models \psi[a_0, a_1, \ldots, a_n]$, und daher nach Induktionsvoraussetzung $Q^* \vdash \psi[\Delta_{a_0}, \Delta_{a_1}, \ldots, \Delta_{a_n}]$, für alle $a_0 < a_1$. Wegen $\mathbf{Q^*3}$ folgt daraus

$$Q^* \vdash (\forall x_0 < x_1 \psi)[\Delta_{a_1}, \ldots, \Delta_{a_n}]. \qquad \Box$$

Lemma 18.3 *Alle rekursiven Funktionen und alle rekursiv aufzählbaren Relationen sind mit Σ_1-Formeln definierbar.*

Beweis Der Beweis von Lemma 17.1 muß nur an einer Stelle abgeändert werden. Wenn man zeigen will, daß die Σ_1-definierbaren Funktionen unter **R3** abgeschlossen sind, verwendet man statt $\neg \varphi(\underline{0}, x_1, x_2)$ die Formel $\exists y(\neg \underline{0} \doteq y \wedge \varphi(y, x_1, x_2))$. $\qquad \Box$

Folgerung Q *ist unentscheidbar. Es ist sogar jede wahre Erweiterung von* Q^* *unentscheidbar.*

Beweis Sei $R(x)$ rekursiv aufzählbar und definiert durch die Σ_1-Formel φ. T sei eine wahre Erweiterung von Q^*. Dann ist für alle a

$$R(a) \quad \Rightarrow \quad \mathfrak{N} \models \varphi(\Delta_a) \quad \Rightarrow \quad Q^* \vdash \varphi(\Delta_a) \quad \Rightarrow \quad T \vdash \varphi(\Delta_a)$$
$$\neg R(a) \quad \Rightarrow \quad \mathfrak{N} \nvDash \varphi(\Delta_a) \quad \Rightarrow \qquad\qquad\qquad\quad T \nvdash \varphi(\Delta_a)$$

Wenn T entscheidbar wäre, wären also alle rekursiv aufzählbaren Relationen rekursiv. $\qquad \Box$

Satz 18.4 (Church, [3]) *Der Prädikatenkalkül ist unentscheidbar: Es gibt eine endliche Sprache L, für die*

$$\{\ulcorner \varphi \urcorner \mid \varphi \text{ allgemeingültige L-Formel}\}$$

nicht rekursiv ist.

Beweis Q ist endliche unentscheidbare Erweiterung der leeren L_N-Theorie. Also ist nach Aufgabe 62 die leere L_N-Theorie unentscheidbar, und $L = L_N$ beweist den Satz.   □

Definition

Sei T eine L_N-Theorie und $f : \mathbb{N}^n \to \mathbb{N}$ eine Funktion. Die Formel $\varphi(x_0, \ldots, x_n)$ repräsentiert f in T, wenn für alle $a_0 = f(a_1, \ldots, a_n)$

$$T \vdash \forall x_0 \left(x_0 \doteq \Delta_{a_0} \longleftrightarrow \varphi(x_0, \Delta_{a_1}, \ldots, \Delta_{a_n}) \right)$$

Wenn T eine wahre Theorie ist und φ die Funktion f repräsentiert, wird f auch von φ definiert. Wenn φ eine Σ_1-Formel ist und T wahre Σ_1-Formeln beweist, repräsentiert eine Σ_1-Formel φ die Funktion f genau dann, wenn f durch φ definiert wird und für alle $a_1, \ldots, a_n$

$$T \vdash \forall x_0, x_0' \left(\varphi(x_0, \Delta_{a_1}, \ldots, \Delta_{a_n}) \wedge \varphi(x_0', \Delta_{a_1}, \ldots, \Delta_{a_n}) \right) \to x_0 \doteq x_0'.$$

Wenn die wahre Theorie T effektiv axiomatisierbar ist und f in T von φ repräsentierbar wird, ist f rekursiv, weil dann die Relation

$$a_0 = f(a_1, \ldots, a_n) \Longleftrightarrow T \vdash \varphi(\Delta_{a_0}, \Delta_{a_1}, \ldots, \Delta_{a_n})$$

rekursiv aufzählbar ist.

Lemma 18.5 *Jede rekursive Funktion läßt sich in* Q* *durch eine* Σ_1-*Formel repräsentieren.*

Beweis Die Konstruktion im Beweis von Lemma 17.1 (und Lemma 18.3) funktioniert auch hier, bis auf den Fall **R3**. Sei also $g(x_1, x_2) = x_0$ in Q* repräsentiert durch $\varphi(x_0, x_1, x_2)$. Dann wird $f(x_1) = \mu x_2 \, (g(x_1, x_2) = 0)$ definiert durch

$$\psi(x_0, x_1) = \left(\alpha(x_0, x_1) \wedge \beta(x_0, x_1) \wedge \gamma(x_0) \right),$$

wobei

$$\alpha(x_0, x_1) = \varphi(\underline{0}, x_1, x_0)$$
$$\beta(x_0, x_1) = \forall x_2 < x_0 \, \exists y \, \left(\neg \underline{0} \doteq y \, \wedge \, \varphi(y, x_1, x_2) \right)$$
$$\gamma(x_0) = \left(\underline{0} \leq x_0 \, \wedge \, \forall z < x_0 \, \mathrm{S}(z) \leq x_0 \right).[1]$$

$(\alpha \wedge \beta)$ ist die schon im Beweis von Lemma 18.3 benutzte Formel; $\gamma(x_0)$ trifft in $\mathfrak{N}$ auf alle Zahlen zu. Also wird f von ψ definiert. Sei nun $a_0 = f(a_1)$. Wir müssen zeigen, daß

$$Q^* \vdash \forall x_0 \left(\psi(x_0, \Delta_{a_1}) \to x_0 \doteq \Delta_{a_0} \right)$$

---

[1] $s \leq t$ steht für $(s < t \vee s \doteq t)$.

Wir argumentieren in Q^*: Zunächst ist klar, daß für alle $a_2 \in \mathbb{N}$ die Aussage $\exists y \left(\neg \underline{0} \doteq y \wedge \varphi(y, a_1, a_2) \right)$ gleichbedeutend ist mit $\neg \varphi(\underline{0}, a_1, a_2)$. Nehmen wir an, daß $\psi(x_0, a_1)$ gilt. Aus $\gamma(x_0)$ folgt induktiv, daß x_0 entweder größer ist als alle $0, \ldots, a_0$, oder gleich einer dieser Zahlen ist. Im ersten Fall würde aus $a_0 < x_0$ folgen, daß sich $\alpha(a_0, a_1)$ und $\beta(x_0, a_1)$ widersprechen. Wenn x_0 gleich einer der Zahlen $0, \ldots, a_0 - 1$ ist, folgt $x_0 < a_0$, und $\alpha(x_0, a_1)$ steht im Widerspruch zu $\beta(a_0, a_1)$. Also ist $x_0 = a_0$. □

Folgerung *Jede rekursive Relation R wird in Q^* von einer Σ_1-Formel φ repräsentiert. Das heißt:*

$$R(a_1, \ldots, a_n) \Rightarrow Q^* \vdash \varphi(\Delta_{a_1}, \ldots, \Delta_{a_n})$$

$$\neg R(a_1, \ldots, a_n) \Rightarrow Q^* \vdash \neg \varphi(\Delta_{a_1}, \ldots, \Delta_{a_n})$$

Beweis Sei K_R repräsentiert von ρ. Setze $\varphi(x_1, \ldots, x_n) = \rho(\underline{0}, x_1, \ldots, x_n)$. □

Satz (Fixpunktsatz) *Zu jeder L_N-Formel $\psi(v_0)$ gibt es eine L_N-Aussage φ mit*

$$Q^* \vdash \varphi \longleftrightarrow \psi\left(\Delta_{\ulcorner \varphi \urcorner} \right).$$

Wenn $\psi(v_0)$ eine Σ_1-Formel ist, findet man auch φ als Σ_1-Formel.

Beweis (Eine Variante des Beweises des Fixpunktsatzes von ZFC) Das Einsetzen von Termen wird beschrieben durch eine rekursive Funktion

$$\mathrm{Sub}(\ulcorner \chi(v_0) \urcorner, a) = \ulcorner \chi(\Delta_a) \urcorner.$$

Sei Sub in Q^* repräsentiert durch die Σ_1-Formel σ. Dann ist also für alle $\chi(v_0)$ und a

$$Q^* \vdash \forall x_0 \left(x_0 \doteq \Delta_{\ulcorner \chi(\Delta_a) \urcorner} \longleftrightarrow \sigma(x_0, \Delta_{\ulcorner \chi(v_0) \urcorner}, \Delta_a) \right).$$

Wir setzen

$$\rho(v_0) = \exists x_0 \left(\psi(x_0) \wedge \sigma(x_0, v_0, v_0) \right).$$

Dann ist für alle $\chi(v_0)$

$$Q^* \vdash \rho\left(\Delta_{\ulcorner \chi(v_0) \urcorner} \right) \longleftrightarrow \psi\left(\Delta_{\ulcorner \chi(\Delta_{\ulcorner \chi(v_0) \urcorner}) \urcorner} \right).$$

Für $\chi = \rho$ ergibt sich

$$Q^* \vdash \rho\left(\Delta_{\ulcorner \rho(v_0) \urcorner} \right) \longleftrightarrow \psi\left(\Delta_{\ulcorner \rho(\Delta_{\ulcorner \rho(v_0) \urcorner}) \urcorner} \right).$$

Also leistet $\varphi = \rho\left(\Delta_{\ulcorner \rho(v_0) \urcorner} \right)$ das Gewünschte. □

Folgerung 18.6 *Jede konsistente Erweiterung von* Q* *ist unentscheidbar.*

Beweis Sei T eine entscheidbare Erweiterung von Q*. Die Menge der Gödelnummern aller in T beweisbaren Aussagen sei in Q* durch die Formel τ repräsentiert. Das heißt, daß Q* $\vdash \tau(\Delta^{\ulcorner\varphi\urcorner})$ für in T beweisbare und Q* $\vdash \neg\tau(\Delta^{\ulcorner\varphi\urcorner})$ für in T unbeweisbare φ. Mit dem Fixpunktsatz verschaffen wir uns eine Aussage δ mit

$$ Q^* \vdash \delta \longleftrightarrow \neg\tau(\Delta^{\ulcorner\delta\urcorner}). $$

Die beiden Implikationsketten

$$ T \nvdash \delta \;\Rightarrow\; Q^* \vdash \neg\tau(\Delta^{\ulcorner\delta\urcorner}) \;\Rightarrow\; Q^* \vdash \delta \;\Rightarrow\; T \vdash \delta $$

und

$$ T \vdash \delta \;\Rightarrow\; Q^* \vdash \tau(\Delta^{\ulcorner\delta\urcorner}) \;\Rightarrow\; Q^* \vdash \neg\delta \;\Rightarrow\; T \vdash \neg\delta $$

zeigen, daß T inkonsistent ist.   □

Folgerung   *Jede mit* Q *konsistente* L_N*-Theorie ist unentscheidbar.*

Beweis $T \cup Q$ ist eine unentscheidbare endliche Erweiterung von T.   □

Man kann zeigen, daß sogar jede mit Q* konsistente L_N-Theorie unentscheidbar ist (Aufgabe 73).

Gödel hat den Ersten Unvollständigkeitssatz (17.2) auf folgende Weise mit dem Fixpunktsatz bewiesen: Sei T eine wahre arithmetischen Theorie. Wir wollen zeigen, daß T unvollständig ist. Die Folgerungen aus T bilden eine arithmetische Menge. Also gibt es ein τ mit

$$ \mathfrak{N} \vDash \tau(\Delta^{\ulcorner\chi\urcorner}) \;\Leftrightarrow\; T \vdash \chi $$

für alle χ. Sei φ eine Aussage mit

$$ Q^* \vdash \varphi \longleftrightarrow \neg\tau(\Delta^{\ulcorner\varphi\urcorner}). $$

Dann ist

$$ \mathfrak{N} \vDash \varphi \;\Leftrightarrow\; \mathfrak{N} \vDash \neg\tau(\Delta^{\ulcorner\varphi\urcorner}) \;\Leftrightarrow\; T \nvdash \varphi. $$

Weil T wahr ist, ist das ist nur möglich, wenn $\mathfrak{N} \vDash \varphi$ und $T \nvdash \varphi$, wenn also φ eine wahre, aber unbeweisbare Aussage ist.

Folgerung 18.6 impliziert, daß jede konsistente, effektiv axiomatisierbare Erweiterung von Q unvollständig ist. Das gilt nicht für arithmetische Erweiterungen:

▶ **Bemerkung** Sei L eine endliche (oder rekursive) Sprache. Dann hat jede konsistente arithmetische L-Theorie eine vollständige, arithmetische Erweiterung.

Übungsaufgaben

70. Zeigen Sie: Σ_1-definierbare Relationen sind rekursiv aufzählbar, Σ_1-definierbare Funktionen rekursiv.

71. Geben Sie einen direkten Beweis von Folgerung 18.6 ohne Verwendung des Fixpunktsatzes: Zeigen Sie, daß $\{\varphi \mid Q^* \vdash \varphi\}$ und $\{\varphi \mid Q^* \vdash \neg\varphi\}$ nicht rekursiv trennbar sind.
    Hinweis: Angenommen C wäre eine trennende rekursive Menge von Formeln. Wähle eine effektive Aufzählung $\varphi_0(x), \varphi_1(x), \ldots$ aller L_N-Formeln mit freier Variable x. Dann wäre $U(e, a) \longleftrightarrow \varphi_e(\Delta_a) \in C$ eine universelle rekursive Menge. Widerspruch.

72. Betrachte für jedes n die L_N-Aussage

$$\rho_n = \bigwedge_{a=0}^{n} \left(\forall x \ x < \Delta_a \longleftrightarrow (x \doteq \Delta_0 \vee x \doteq \Delta_1 \vee \cdots \vee x \doteq \Delta_{a-1}) \right).$$

Zeigen Sie, daß sich jede rekursive Funktion $f : \mathbb{N}^n \to \mathbb{N}$ von einer Σ_1-Formel φ definieren läßt, für die zusätzlich für alle $a_0 = f(a_1, \ldots, a_n)$

$$\forall x_0 \left(\left(\varphi(x_0, \Delta_{a_1}, \ldots, \Delta_{a_n}) \wedge \rho_{a_1} \wedge \cdots \wedge \rho_{a_n} \right) \to \left(x_0 \doteq \Delta_{a_0} \wedge \rho_{a_0} \right) \right)$$

allgemeingültig ist. Folgern Sie daraus, daß sich jede rekursive Menge R von einer Σ_1-Formel $\varphi(x)$ definieren läßt, für die zusätzlich gilt

$$\neg R(a) \Rightarrow \vdash \neg(\rho_a \wedge \varphi(\Delta_a)).$$

73. 1. Die beiden Aussagenmengen $\{\varphi \mid Q^* \vdash \varphi\}$ und $\{\varphi \mid \vdash \neg\varphi\}$ sind nicht rekursiv trennbar.
    2. Jede L_N Theorie T, die mit Q^* konsistent ist, ist unentscheidbar.
    Hinweis: Verwenden Sie Aufgabe 72 und den Hinweis von Aufgabe 71.

74. Zeigen Sie Tarskis Satz über die Wahrheitsdefinition für Q^*:
    Es gibt keine Formel $\mathcal{W}(x)$, *so daß für alle Aussagen* φ

$$Q^* \vdash \varphi \longleftrightarrow \mathcal{W}(\ulcorner\varphi\urcorner).$$

75. Zweitstufige L-Formeln enthalten zusätzliche Variablen $V_0, V_1 \ldots$, die über alle[2] Teilmengen einer Struktur laufen. Die Variablen erscheinen in neuen atomaren Formeln $t \in V_i$ („t ist Element von V_i") und werden wie die Variablen erster Stufe quantifiziert. Beweisen Sie:
    1. Es gibt eine zweitstufige L_N-Aussage, die $\mathfrak{N}$ bis auf Isomorphie charakterisiert.
    2. Die Menge der allgemeingültigen zweitstufigen L_N-Aussagen ist nicht rekursiv aufzählbar.

---

[2] Das ist die Standardinterpretation. Vergleiche dazu Aufgabe 77

76. Sei $\mathcal{M} = (b_0, \ldots, b_N)$ eine Registermaschine über dem Alphabet $\{|\}$, R sei die Zahl der Register und b_N der einzige Stopbefehl.

Betrachte die Sprache $L^M = \{\underline{0}, f, z_0, \ldots, z_N\}$, mit einer Konstanten 0, einem einstelligen Funktionszeichen f und R-stelligen Relationszeichen $z_0, \ldots, z_N$. $\mathfrak{M}^0$ sei die L-Struktur $(\mathbb{N}, 0, \mathrm{S}, Z_0^0, \ldots, Z_N^0)$, wobei $Z_c^0(n_0, \ldots, n_{R-1})$ genau dann gilt, wenn $\mathcal{M}$ mit leerer Eingabe die Konfiguration $(c, n_0, \ldots, n_{R-1})$ erreicht.

1. Konstruieren Sie eine L-Aussage μ mit folgenden Eigenschaften:
   - $\mathfrak{M}^0$ ist ein Modell von μ.
   - Wenn $(A, O, F, Z_0, \ldots, Z_N)$ ein Modell von μ ist und $Z_c^0(n_0, \ldots, n_{R-1})$ gilt, dann gilt auch $Z_c(F^{n_0}(O), \ldots, F^{n_{R-1}}(O))$.

2. Zeigen Sie, daß $\mu \rightarrow \exists x_0, \ldots, x_{R-1} \, z_N(x_0, \ldots, x_{R-1})$ genau dann allgemeingültig ist, wenn $\mathcal{M}$ bei leerer Eingabe stoppt.

3. Folgern Sie Satz 18.4 aus der Unlösbarkeit des Halteproblems (Aufgabe 56).

Peanoarithmetik

19

Die Axiome der Peanoarithmetik[1] P sind die Axiome von Q und das *Induktionsschema*:

$$\forall x_1, \ldots, x_n\big[\big(\varphi(\bar{x},\underline{0}) \wedge \forall y(\varphi(\bar{x},y) \to \varphi(\bar{x},S(y)))\big) \to \forall y\,\varphi(\bar{x},y)\big]$$

Ein Modell von Q ist genau dann ein Modell von P, wenn jede definierbare Menge von Elementen, die $\underline{0}$ enthält und unter S abgeschlossen ist, alle Elemente enthält. Insbesondere sind die natürlichen Zahlen ein Modell von P.

> **Lemma** *In P sind beweisbar:*
>
> 1. *Die Nachfolgeroperation S ist injektiv. Jedes Element außer $\underline{0}$ hat einen Vorgänger.*
> 2. *$<$ ist eine lineare Ordnung. $\underline{0}$ ist kleinstes Element; $S(x)$ ist unmittelbarer Nachfolger von x.*
> 3. *$+, \cdot$ definieren einen kommutativen Halbring mit Nullelement $\underline{0}$ und Einselement Δ_1.*
> 4. *$+$ und $\cdot$ sind monoton. Es ist gilt $x \le y \longleftrightarrow \exists z\ x + z \doteq y$.*

Das ist alles, was man braucht, um elementare Zahlentheorie zu entwickeln. Nach Satz 17.2 ist P zwar unvollständig (siehe auch Kap. 20), man hat aber erst spät „mathematische" Sätze gefunden, die in P nicht beweisbar sind: der Satz von Goodstein (siehe Aufgabe 45) ist ein solches Beispiel [17].

Beweis Ich zeige nur 2. Der Beweis der anderen Behauptungen ist ebenso leicht.

Beweis von 2.: Aus **Q6** folgt, daß die Menge aller x, die größer oder gleich $\underline{0}$ sind, unter S abgeschlossen ist. Mit dem Induktionsaxiom folgt also

$$\underline{0} \le x. \tag{19.1}$$

---

[1] Guiseppe Peano (1858–1932) Turin. Analysis, Differentialgleichungen, Mathematische Logik, Linguistik

© Springer International Publishing Switzerland 2017
M. Ziegler, *Mathematische Logik*, Mathematik Kompakt, DOI 10.1007/978-3-319-44180-1_19

für alle x. Als nächstes zeigen wir, daß für alle x

$$\forall y \; (y < x \rightarrow S(y) \leq x). \tag{19.2}$$

Die Menge A aller Elemente mit dieser Eigenschaft enthält $\underline{0}$ wegen **Q5**. Nehmen wir an, daß $x \in A$. Um zu zeigen, daß $S(x) \in A$, betrachten wir ein $y < S(x)$. Aus **Q6** folgt $y \leq x$. Wenn $y < x$, folgt $S(y) \leq x$, weil $x \in A$, und daraus $S(y) < S(x)$ wegen **Q6**. Aus $y = x$ folgt $S(y) = S(x)$.

Jetzt zeigen wir durch Induktion, daß alle x mit allen anderen Elementen vergleichbar sind. Wegen (19.1) ist Null mit allen Elementen vergleichbar. Nehmen wir an, daß x mit allen Elementen vergleichbar ist. Dann ist auch $S(x)$ mit jedem y vergleichbar: Wenn $y \leq x$, ist $y < S(x)$ wegen **Q6**, und, wenn $x < y$, ist $S(x) \leq y$ wegen (19.2).

Die Transitivität

$$x < y < z \rightarrow x < z$$

beweisen wir mit Induktion über z. Für $z = \underline{0}$, ist nichts zu zeigen. Aus $x < y < S(z)$ folgt $x < y \leq z$ und daraus, nach Induktionsvoraussetzung, $x < z$ und damit $x < S(z)$.

Auch die Irreflexivität

$$\neg \, x < x$$

beweisen wir durch Induktion: $\neg \underline{0} < \underline{0}$ folgt aus **Q5**. Für den Induktionsschritt nehmen wir an, daß $S(x) < S(x)$. Daraus folgt $S(x) \leq x$. Zusammen mit $x < S(x)$ und der Transitivität ergibt sich $x < x$, was der Induktionsvoraussetzung widerspricht.

Für lineare Ordnungen drückt **Q6** gerade aus, daß $S(x)$ unmittelbarer Nachfolger von x ist.   □

Das nächste Lemma bedeutet, daß alle Modelle von P definierbar-wohlgeordnet sind: Jede nicht-leere definierbare Teilmenge hat ein kleinstes Element.

Lemma (**Verallgemeinerte Induktion**) *In* P *ist beweisbar:*

$$\forall x_1, \ldots, x_n \Big[\big(\forall y (\forall z < y \; \varphi(\bar{x}, z) \rightarrow \varphi(\bar{x}, y)) \big) \rightarrow \forall y \varphi(\bar{x}, y) \Big]$$

Beweis Wir halten $x_1, \ldots, x_n$ fest und nehmen an, daß $\forall y (\forall z < y \; \varphi(\bar{x}, z) \rightarrow \varphi(\bar{x}, y))$. Sei A die Menge aller y mit $\forall z < y \; \varphi(\bar{x}, z)$. A enthält $\underline{0}$, und, wenn y zu A gehört, folgt $\varphi(\bar{x}, y)$ und damit $S(y) \in A$. Also gehören alle Elemente zu A.   □

Sei $\varphi(v_0, \ldots, v_n)$ eine Σ_1-Formel, die in P eine Funktion definiert:

$$P \vdash \forall v_1, \ldots, v_n \exists ! \, v_0 \varphi(v_0, \ldots, v_n).$$

Wir führen für jedes solche φ ein Funktionszeichen F_φ ein. L^* sei die so entstandene Erweiterung von L_N und

$$P^* = P \cup \{\forall v_1, \ldots, v_n \varphi(F_\varphi(v_1, \ldots, v_n), v_1, \ldots, v_n) \mid \varphi \text{ wie oben}\}$$

die entsprechende definitorische Erweiterung von P. Wir nennen F_φ eine Σ_1^P-Funktion.

Im Exkurs über definitorische Erweiterungen haben wir gesehen, daß P^* eine konservative Erweiterung von P ist und daß jede L^*-Formel in P^* zu einer L_N-Formel äquivalent ist (Satz 8.1). Insbesondere gilt in P^* das Induktionsschema für alle L^*-Formeln. Wenn man sich den Beweis von Satz 8.1 vor Augen führt, sieht man, daß jede Σ_1-Formel aus L^* in eine Σ_1-Formel aus L_N übersetzt wird. Daraus folgt, daß P^{**} nichts neues liefert, was wir als $P^{**} = P^*$ notieren.

Jedes F_φ definiert eine Funktion $\mathbb{N}^n \to \mathbb{N}$, die in P^* durch die Formel $v_0 \doteq F_\varphi(v_1, \ldots, v_n)$ repräsentiert wird, in P aber durch φ.

Satz 19.1 *Jede primitiv rekursive Funktion ist durch eine Σ_1^P-Funktion definierbar.*

Zum Beweis brauchen wir ein Lemma.

Lemma   i) *Die Gödelsche β-Funktion ist durch eine Σ_1^P-Funktion, die wir wieder mit β bezeichnen, definierbar.*
ii) *Für diese Funktion gilt*

$$P^* \vdash \forall a, b, c, i \, \exists a', b' \, \big(\forall j < i \, \beta(a, b, j) \doteq \beta(a', b', j) \wedge c \doteq \beta(a', b', i)\big)$$

Beweis i) $\beta(a, b, i)$ wird von der Σ_1-Formel

$$\varphi(v_0, v_1, v_2, v_3) = \big(v_0 < v_2(v_3 + 1) + 1 \wedge \exists y \, v_1 \doteq v_0 + y(v_2(v_3 + 1) + 1)\big)$$

definiert (vgl. Lemma 16.2).
ii) Die in P^* zu beweisende Eigenschaft ist wahr. Denn wenn a, b, c, i gegeben sind, wendet man 16.2 auf die Folge

$$c_0 = \beta(a, b, 0), \ldots, c_{i-1} = \beta(a, b, i - 1), c_i = c$$

an. Man erhält a', b' mit

$$c_0 = \beta(a', b', 0), \ldots, c_{i-1} = \beta(a', b', i - 1), c_i = \beta(a', b', i).$$

Die Behauptung folgt jetzt aus dem Prinzip, daß sich alle einfachen arithmetischen Sachverhalte in P^* beweisen lassen. $\qquad\square$

Beweis von Satz 19.1 Die definierenden Formeln für S, I_i^n und C_0^0 definieren offenbar Σ_1^P-Funktionen (siehe Lemma 17.1). Ebenso wie in 17.1 sieht man, daß man durch Einsetzen von Σ_1^P-Funktionen in Σ_1^P-Funktionen wieder Σ_1^P-Funktionen erhält. Es bleibt zu zeigen, daß die Σ_1^P-Funktionen unter primitiver Rekursion (**R2**) abgeschlossen sind. Sei also f gegeben durch

$$f(x,0) = g(x), \quad f(x, y+1) = h(x, y, f(x, y)),$$

und seien g und h definiert durch die Σ_1^P-Funktionen G und H. Dann wird f definiert durch die die Σ_1-Formel

$$\varphi(v_0, v_1, v_2) = \exists a, b \, \Phi(v_0, v_1, v_2, a, b),$$

wobei

$$\Phi(v_0, v_1, v_2, a, b) = \big(\beta(a, b, 0) \doteq G(v_1)$$
$$\wedge \, \forall x < v_2 \, \beta(a, b, x+1) \doteq H(v_1, x, \beta(a, b, x))$$
$$\wedge \, v_0 \doteq \beta(a, b, v_2) \big).$$

Die Funktionalität von φ beweisen wir in P* durch Induktion über v_2:

- $v_2 = 0$:
  Es ist klar, daß $P^* \vdash \exists! \, v_0 \varphi(v_0, v_1, \underline{0})$: Nach dem Lemma gibt es a, b mit $\beta(a, b, 0) = G(v_1)$. Wenn $\varphi(v_0, v_1, \underline{0})$ gilt, muß v_0 gleich $G(v_1)$ sein.
- $v_2 \to v_2 + 1$:
  Um zu zeigen, daß es ein v_0 mit $\varphi(v_0, v_1, v_2+1)$ gibt, wählen wir zunächst mit Hilfe der Induktionsvoraussetzung ein y, für das $\varphi(y, v_1, v_2)$ und a', b' mit $\Phi(y, v_1, v_2, a', b')$. Das Lemma liefert a, b mit $\forall x \leq v_2 \, \beta(a', b', x) = \beta(a, b, x)$ und $\beta(a, b, v_2 + 1) = H(v_1, v_2, y) = v_0$. Dann gilt $\Phi(v_0, v_1, v_2 + 1, a, b)$ und $\varphi(v_0, v_1, v_2 + 1)$.
  Sei $\varphi(v_0', v_1, v_2 + 1)$ für ein anderes v_0'. Es gibt dann a, b mit $\Phi(v_0', v_1, v_2 + 1, a, b)$. Sei $y' = \beta(a, b, v_2)$. Dann gilt $\Phi(y', v_1, v_2, a, b)$ und $y' = y$ nach Induktionsvoraussetzung. Es folgt $v_0' = H(v_1, v_2, y') = H(v_1, v_2, y) = v_0$. □

Zusatz 19.2 *Wenn die Σ_1^P-Funktion $F(x, y)$ wie eben durch primitive Rekursion aus H und G definiert wird, ist in P* beweisbar:*

$$\forall x \, \big(F(x, \underline{0}) \doteq G(x) \wedge \forall y \, F(x, y+1) \doteq H(x, y, F(x, y)) \big). \tag{19.3}$$

□

Das Teilsystem von P*, das aus P durch Hinzufügen der Aussagen (19.3) für alle primitiv rekursiven Funktionen entsteht, nennt man *primitiv rekursive Arithmetik*. Genauer geht man so vor: Für alle Terme G und H (und jede Stelligkeit), fügt man ein neues Funktionszeichen F und das Axiom (19.3) ein. Dieser Prozeß wird abzählbar oft iteriert.

Definition

Eine Δ_1^P-Formel φ ist eine Σ_1-Formel, die in P zur Negation einer Σ_1-Formel ψ äquivalent ist:

$$P \vdash \varphi \longleftrightarrow \neg \psi$$

Folgerung   *Jede primitiv rekursive Relation ist durch eine Δ_1^P-Formel definierbar.*

Beweis Sei R primitiv rekursiv. Nach Satz 19.1 wird K_R von einer Σ_1-Formel φ definiert, deren Funktionalität in P beweisbar ist. Dann wird R von $\varphi(\underline{0}, x_1, \ldots, x_n)$ definiert, und die Äquivalenz $\neg\,\varphi(\underline{0}, x_1, \ldots, x_n) \longleftrightarrow \varphi(\Delta_1, x_1, \ldots, x_n)$ ist in P beweisbar. $\square$

Man kann mit den eben angegebenen Methoden leicht zeigen, daß sich die primitiv rekursive Funktion

$$\beta'(a, i) = \beta((a)_0, (a)_1, i)$$

mit einer Σ_1^P-Funktion definieren läßt. Damit erhalten wir wie im Lemma

---

Folgerung 19.3

$$P^* \vdash \forall a, c, i\, \exists a' \left(\forall j < i\ \beta'(a, j) \doteq \beta'(a', j) \wedge c \doteq \beta'(a', i) \right).$$

Übungsaufgaben

77. Eine L_N-Struktur zweiter Stufe ist ein Paar $(\mathfrak{M}, S)$, wobei $\mathfrak{M}$ eine L_N Struktur und S eine Menge von Teilmengen von M ist. Wir sprechen über Strukturen mit *zweitstufigen Formeln*, in denen wir neue Variablen $V_0, V_1, \ldots$ für Mengen verwenden und neue Primformeln $t \in V_i$. Die *Peanoarithmetik zweiter Stufe* P^2 besteht aus den Axiomen von Q, dem *Komprehensionsschema*

$$\forall \bar{x}, \bar{X} \left(\exists X\ \forall y\ \left(y \in X \leftrightarrow \varphi(\bar{x}, \bar{X}, y) \right) \right)$$

für zweitstufige Formeln φ, in denen über Mengenvariablen nicht quantifiziert wird, und dem Induktionsaxiom

$$\forall X \left[\left(\underline{0} \in X \wedge \forall y\ (y \in X \to S(y) \in X) \right) \to \forall y\ y \in X \right].$$

Das Standardmodell von P^2 ist $(\mathfrak{N}, \mathfrak{P}(\mathbb{N}))$.

Zeigen Sie, daß aus P^2 die gleichen erststufigen Aussagen folgen wie aus P.

Hinweis: Wenn $\mathfrak{M}$ ein Modell von P ist und S die Menge mit Parametern definierbaren Teilmengen von M, dann ist $(\mathfrak{M}, S)$ ein Modell von P^2.

78. Man zeige, daß nicht jede rekursive Funktion durch eine Σ_1^P-Funktion definiert werden kann.
    Hinweis: Sei $\varphi_0, \varphi_1, \ldots$ eine rekursive Aufzählung aller einstelligen Σ_1^P-Funktionen $\varphi_i(v_0, v_1)$ und $f_1, f_2, \ldots$ die dadurch definierten Funktionen $\mathbb{N} \to \mathbb{N}$. Dann ist $f(x) = f_x(x) + 1$ ein Gegenbeispiel.

79. Beweisen Sie, daß jede quantorenfreie L^*-Formel in P^* zu einer Δ_1^P-Formel äquivalent ist.

Der Zweite Gödelsche Unvollständigkeitssatz **20**

Wir beginnen mit einer allgemeinen Beobachtung. Wir sagen, daß eine Formel $\varphi = \varphi(\bar{x})$ logisch aus T folgt, wenn $\forall \bar{x} \, \varphi$ in allen Modellen von T gilt (vergleiche die Definition in Kap. 4).

> **Lemma (Deduktionslemma)** *Sei T eine L-Theorie. Eine L-Formel φ folgt genau dann logisch aus T, wenn φ im Hilbertkalkül aus den Axiomen von T herleitbar ist.*

Beweis Nehmen wir an, daß $\varphi = \varphi(\bar{x})$ logisch aus T folgt. Aus 4.4 folgt die Existenz von $\psi_1, \ldots, \psi_n$ aus T, für die $\psi_1 \wedge \cdots \wedge \psi_n \to \forall \bar{x} \, \varphi$ einen Beweis im Hilbertkalkül hat. Es ist nun leicht zu sehen, daß im Hilbertkalkül φ aus $\psi_1 \wedge \cdots \wedge \psi_n \to \forall \bar{x} \, \varphi$ und den Axiomen $\psi_1, \ldots, \psi_n$ herleitbar ist.

Die Umkehrung zeigt man durch Induktion über die Länge der Herleitung von φ. Die Behauptung ist klar, wenn φ ein Kalkülaxiom oder ein Axiom von T ist. Schließlich prüft man leicht nach, daß die beiden Schlußregeln *Modus Ponens* und $\exists$-*Einführung* Formeln, die logisch aus T folgen, in Formeln überführen, die ebenfalls logisch aus T folgen. □

Wir wollen das Beweisbarkeitsprädikat für die Peanoarithmetik definieren. Zunächst beschreiben wir die primitiv rekursiven Relationen

- $Aus = \{ \ulcorner \varphi \urcorner \mid \varphi \; L_N\text{-Aussage} \}$
- $Ax = \{ \ulcorner \varphi \urcorner \mid \varphi \; L_N\text{-Formel, Axiom des Hilbertkalküls oder Axiom von P} \}$
- $Reg = \left\{ (\ulcorner \varphi \urcorner, \ulcorner \psi \urcorner, \ulcorner \chi \urcorner) \; \middle| \; \begin{array}{l} \varphi, \, \psi, \, \chi \; L_N\text{-Formeln, } \varphi \text{ folgt aus } \psi \text{ und } \chi \text{ mit} \\ \text{einer der Regeln des Hilbertkalküls} \end{array} \right\}$

durch Σ_1-Formeln. Die Σ_1-Formel

$$B'(s,n) = \forall i < n \big(Ax(\beta'(s,i)) \vee \exists j, k < i \; Reg(\beta'(s,i), \beta'(s,j), \beta'(s,k)) \big),$$

© Springer International Publishing Switzerland 2017 137
M. Ziegler, *Mathematische Logik*, Mathematik Kompakt, DOI 10.1007/978-3-319-44180-1_20

definiert dann in $\mathfrak{N}$ die Menge aller Paare (s, n), für die $\beta'(s, 0),\ldots\beta'(s, n-1)$ eine Herleitung aus den Axiomen von P ist (im Sinn der Definition im Beweis von Lemma 4.2). Das vorläufige Beweisbarkeitsprädikat wird dann definiert durch

$$\mathrm{Bew}'(f) = Aus(f) \wedge \exists n, s \; \big(\beta'(s, n) \doteq f \wedge B'(s, n+1)\big).$$

Aus dem Deduktionslemma folgt, daß Bew' in $\mathfrak{N}$ die Menge der Gödelnummern der in P beweisbaren Aussagen definiert.

Man kann leicht zeigen (wie im Beweis von Lemma 20.2), daß Bew' die in Kap. 11 eingeführten Loebaxiome **L1** und **L2** erfüllt. Für die Gültigkeit von **L3** müßte man aber die Formeln Ax und Reg sorgfältiger wählen. Es genügt nicht, zu wissen, daß Ax und Reg in $\mathfrak{N}$ die richtigen Relationen definieren. Um **L3** in einfacher Weise zu erfüllen, verwenden wir einen Kunstgriff. Wir fügen zu den Axiomen von P alle wahren Σ_1-Aussagen hinzu. Das ändert nichts an der Theorie, weil nach Satz 18.2 alle wahren Σ_1-Aussagen in P beweisbar sind.[1]

Wir machen Gebrauch von folgendem Lemma, das wir später beweisen.

Lemma 20.1 *Es gibt eine Σ_1-Formel* $\mathrm{W}_1(x)$, *sodaß für alle Σ_1-Aussagen* φ

$$\mathrm{P} \vdash \varphi \longleftrightarrow \mathrm{W}_1(\Delta_{\ulcorner\varphi\urcorner}).$$

Für Q*, und damit auch für die Peanoarithmetik, läßt sich leicht das Analogon von Tarskis Satz über die Wahrheitsdefinition beweisen (siehe Aufgabe 74). Das Lemma gilt also nicht für beliebige Aussagen φ.

Weil die Menge der Gödelnummern von Σ_1-Aussagen primitiv rekursiv ist, können wir annehmen, daß

$$\mathrm{P} \vdash \neg \, \mathrm{W}_1(\Delta_n),$$

wenn n nicht die Gödelnummer einer Σ_1-Aussage ist.

Wir setzen jetzt

$$B(s, n) = \forall i < n \big(\mathrm{W}_1(\beta'(s, i)) \vee (Ax(\beta'(s, i)) \vee \\ \vee \exists j, k < i \; Reg(\beta'(s, i), \beta'(s, j), \beta'(s, k)))$$

und

$$\mathrm{Bew}(f) = Aus(f) \wedge \exists n, s \; \big(\beta'(s, n) \doteq f \wedge B(s, n+1)\big).$$

---

[1] Das erweiterte Axiomensystem ist allerdings nicht mehr rekursiv, sondern nur noch rekursiv aufzählbar.

Es ist klar, daß Bew in $\mathfrak{N}$ die Menge der Gödelnummern der in P beweisbaren Aussagen definiert.

Lemma 20.2 Bew(x) *erfüllt die Loeb-Axiome:*

L1 P $\vdash$ φ $\implies$ P $\vdash$ Bew$(\Delta_{\ulcorner\varphi\urcorner})$

L2 P $\vdash$ Bew$(\Delta_{\ulcorner\varphi\urcorner}) \wedge$ Bew$(\Delta_{\ulcorner\varphi\to\psi\urcorner}) \to$ Bew$(\Delta_{\ulcorner\psi\urcorner})$

L3 P $\vdash$ Bew$(\Delta_{\ulcorner\varphi\urcorner}) \to$ Bew$\left(\Delta_{\ulcorner\mathrm{Bew}(\Delta_{\ulcorner\varphi\urcorner})\urcorner}\right)$

Beweis L1: Wenn P $\vdash$ φ, ist $\mathfrak{N} \models$ Bew$(\Delta_{\ulcorner\varphi\urcorner})$. Weil Bew$(\Delta_{\ulcorner\varphi\urcorner})$ eine Σ_1-Formel ist, folgt P $\vdash$ Bew$(\Delta_{\ulcorner\varphi\urcorner})$. Die Umkehrung gilt natürlich auch, weil P wahr ist.

L2: Es ist klar, daß P $\vdash$ $Reg(\Delta_{\ulcorner\psi\urcorner}, \Delta_{\ulcorner\varphi\urcorner}, \Delta_{\ulcorner\varphi\to\psi\urcorner})$ und P $\vdash$ $Aus(\Delta_{\ulcorner\psi\urcorner})$. Jetzt argumentieren wir in P. Angenommen Bew$(\ulcorner\varphi\urcorner)$ und Bew$(\ulcorner\varphi \to \psi\urcorner)$, dann gibt es s, m und t, n mit $\beta'(s, m) = \ulcorner\varphi\urcorner$, $\beta'(t, n) = \ulcorner\varphi \to \psi\urcorner$, $B(s, m+1)$ und $B(t, n+1)$. Wegen der Eigenschaften von β' (Folgerung 19.3), gibt es ein u, sodaß für alle $i \leq m+n+2$

$$\beta'(u, i) = \begin{cases} \beta'(s, i), & \text{wenn } i \leq m \\ \beta'(t, i-m-1), & \text{wenn } m < i \leq m+n+1 \\ \ulcorner\psi\urcorner, & \text{wenn } i = m+n+2 \end{cases}$$

Es ist klar, daß $B(u, m+n+3)$. Damit ist gezeigt, daß Bew$(\ulcorner\psi\urcorner)$.

L3: Für alle Σ_1-Aussagen ψ gilt P $\vdash$ $\psi \to$ Bew$(\Delta_{\ulcorner\psi\urcorner})$. Beweis: Weil $Aus(f)$ eine Σ_1-Formel ist, ist $Aus(\Delta_{\ulcorner\psi\urcorner})$ in P beweisbar. Wir argumentieren jetzt in P: Aus ψ folgt wegen Lemma 20.1, daß $W_1(\ulcorner\psi\urcorner)$. Wir wählen ein s, sodaß $\beta'(s, 0) = \ulcorner\psi\urcorner$. Dann gilt $B(s, 1)$. Zusammen mit $Aus(\ulcorner\psi\urcorner)$ folgt Bew$(\ulcorner\psi\urcorner)$ $\qquad\square$

Wenn F eine Formel ist, deren Negation allgemeingültig ist, drückt die Aussage

$$\mathrm{CON_P} = \neg\, \mathrm{Bew}(\Delta_{\ulcorner\mathrm{F}\urcorner})$$

die Konsistenz von P aus. Aus Lemma 20.2 und dem Fixpunktsatz ergibt sich, wie früher

---

Satz (Zweiter Gödelscher Unvollständigkeitssatz für P, [11]) $\mathrm{CON_P}$ *ist wahr, aber in P unbeweisbar.* $\qquad\square$

Statt den Beweis des Zweiten Gödelschen Unvollständigkeitssatzes für ZFC zu wiederholen, zeigen wir eine Verallgemeinerung, den Satz von Loeb.

Satz 20.3 (Loeb) *Für jede L_N-Aussage ψ ist*

$$P \vdash \text{Bew}(\Delta^\ulcorner \text{Bew}(\Delta^\ulcorner \psi^\urcorner) \to \psi^\urcorner) \to \text{Bew}(\Delta^\ulcorner \psi^\urcorner).$$

Folgerung

$$P \vdash \text{Bew}(\Delta^\ulcorner \psi^\urcorner) \to \psi \Rightarrow P \vdash \psi$$

Für $\psi = F$ ergibt sich

$$P \vdash \text{CON}_P \Rightarrow P \vdash F,$$

Das ist der zweite Gödelscher Unvollständigkeitssatz für P. Umgekehrt läßt sich der Satz von Loeb auffassen als der zweite Gödelsche Unvollständigkeitssatz für $P \cup \{\neg \psi\}$.

Beweis Der Übersichtlichkeit zuliebe schreiben wir $\Box \varphi$ für $\text{Bew}(\Delta^\ulcorner \varphi^\urcorner)$.[2] Zunächst bemerken wir, daß, wie in Folgerung 11.2, aus **L1** und **L2** folgt

$$P \vdash \varphi \to \psi \implies P \vdash \Box \varphi \to \Box \psi \tag{20.1}$$

$$P \vdash \Box(\varphi \wedge \psi) \longleftrightarrow (\Box \varphi \wedge \Box \psi]) \tag{20.2}$$

Aus dem Fixpunktsatz folgt die Existenz eines φ mit

$$P \vdash \varphi \longleftrightarrow (\Box \varphi \to \psi) \tag{20.3}$$

Daraus folgt mit (20.1)

$$P \vdash \Box \varphi \to \Box(\Box \varphi \to \psi). \tag{20.4}$$

---

[2] Diese Notation ist dem Artikel [24] entnommen. Solovay betrachtet *modallogische* Formeln $f = f(p_1, \ldots, p_n)$. Das sind Formeln, die sich aus den Aussagenvariablen p_i mit $\neg$, $\wedge$ und $\Box$ aufbauen. Wir schreiben $\vdash f$, wenn $P \vdash f(\varphi_1, \ldots, \varphi_n)$ für alle L_N-Aussagen φ_i. Das Hauptresultat von [24] besagt, daß $\vdash f$ genau dann, wenn f sich mit den Regeln

- $\vdash f$, $\vdash f \to g \implies \vdash g$
- $\vdash f \implies \vdash \Box f$

aus Tautologien und den Axiomen

- $\vdash \Box f \wedge \Box(f \to g) \to \Box g$
- $\vdash \Box f \to \Box \Box f$
- $\vdash \Box(\Box f \to f) \to \Box f$

herleiten läßt. Das letzte Axiomenschema ist der Loebsche Satz.

L3 ist

$$P \vdash \Box \varphi \to \Box \Box \varphi. \qquad (20.5)$$

Aus (20.2) und (20.1) folgt

$$P \vdash (\Box (\Box \varphi \to \psi) \land \Box \Box \varphi) \to \Box \psi \qquad (20.6)$$

Aus (20.4),(20.5) und (20.6) folgt

$$P \vdash \Box \varphi \to \Box \psi \qquad (20.7)$$

und daraus mit (20.3)

$$P \vdash (\Box \psi \to \psi) \to \varphi.$$

Mit (20.1) folgt daraus

$$P \vdash \Box (\Box \psi \to \psi) \to \Box \varphi$$

und nochmal mit (20.7) die Behauptung

$$P \vdash \Box (\Box \psi \to \psi) \to \Box \psi. \qquad \Box$$

Beweis von Lemma 20.1 Wir überlegen uns zuerst, daß es genügt, die Behauptung für Σ_1-Formeln im engeren Sinn zu beweisen. Nehmen wir an, daß W'_1 eine Wahrheitsdefinition für Σ_1-Formeln im engeren Sinn ist. Die Funktion, die der Gödelnummer einer Σ_1-Formel die Gödelnummer einer beweisbar äquivalenten Σ_1-Formel im engeren Sinn zuordnet, sei durch eine Σ_1^P-Funktion ES definiert (siehe Bemerkung in Kap. 18). Dann ist $W_1(x) = W'_1(ES(x))$ eine Wahrheitsdefinition für alle Σ_1-Formeln.

Alle Σ_1-Formeln im Beweis seien Σ_1-Formeln im engeren Sinn. Wir notieren endliche Folgen von Zahlen als $\sigma, \tau, \dots$ und schreiben in Anlehnung an die Notation von Lemma 13.6 $(\sigma)_i$ für das Element mit Index i.

Eine Σ_1-Formel $\varphi(v_0, \dots, v_{s-1})$ trifft genau dann auf eine Folge σ der Länge s zu, wenn es eine Folge $\varphi_0, \dots, \varphi_N$ von Σ_1-Formeln gibt und eine Folge $\sigma_0, \dots, \sigma_N$ von endlichen Folgen, sodaß $\varphi_N = \varphi$, $\sigma_N = \sigma$ und für alle $n \leq N$:

- Wenn s_n die Länge von σ_n ist, kommen höchstens die Variablen $v_0, \dots, v_{s_n-1}$ frei in φ_n vor.
- Wenn $\varphi_n = \underline{0} \doteq v_i$, ist $0 = (\sigma_n)_i$.
- Wenn $\varphi_n = S(v_i) \doteq v_j$, ist $(\sigma_n)_i + 1 = (\sigma_n)_j$.
- Wenn $\varphi_n = v_i + v_j \doteq v_k$, ist $(\sigma_n)_i + (\sigma_n)_j = (\sigma_n)_k$.

- Wenn $\varphi_n = v_i \cdot v_j \doteq v_k$, ist $(\sigma_n)_i \cdot (\sigma_n)_j = (\sigma_n)_k$.
- Wenn $\varphi_n = v_i \doteq v_j$, ist $(\sigma_n)_i = (\sigma_n)_j$.
- Wenn $\varphi_n = \neg\, v_i \doteq v_j$, ist $(\sigma_n)_i \neq (\sigma_n)_j$.
- Wenn $\varphi_n = v_i < v_j$, ist $(\sigma_n)_i < (\sigma_n)_j$.
- Wenn $\varphi_n = \neg\, v_i < v_j$, ist $(\sigma_n)_i \not< (\sigma_n)_j$.
- Wenn $\varphi_n = \varphi' \wedge \varphi''$, gibt es $n', n'' < n$, mit $\varphi_{n'} = \varphi'$, $\varphi_{n''} = \varphi''$ und $\sigma_{n'} = \sigma_{n''} = \sigma_n$.
- Wenn $\varphi_n = \varphi' \vee \varphi''$, gibt es $n' < n$, mit $\varphi_{n'} = \varphi'$ und $\sigma_{n'} = \sigma_n$ oder ein $n'' < n$ mit $\varphi_{n''} = \varphi''$ und $\sigma_{n''} = \sigma_n$.
- Wenn $\varphi_n = \exists v_i\, \varphi'$, gibt es ein $n' < n$ mit $\varphi_{n'} = \varphi'$ und $(\sigma_{n'})_k = (\sigma_n)_k$ für alle k mit $k < \min(s_n, s_{n'})$ und $k \neq i$.
- Wenn $\varphi_n = \forall v_i < v_j\, \varphi'$, gibt es für alle $a < (\sigma_n)_j$ ein $n' < n$ mit $\varphi_{n'} = \varphi'$ und $(\sigma_{n'})_i = a$ und $(\sigma_{n'})_k = (\sigma_n)_k$ für alle k mit $k < \min(s_n, s_{n'})$ und $k \neq i$.

Man verwendet jetzt, daß die verwendeten Zerlegungen von Formeln in ihre Bestandteile primitiv rekursiv sind. Das heißt zum Beispiel, daß die Menge

$$\{\ulcorner \forall v_i < v_j\, \varphi'\urcorner \mid i, j \in \mathbb{N},\ \varphi'\ \Sigma_1\text{-Formel}\}$$

und die Funktionen

$$f(\ulcorner \forall v_i < v_j\, \varphi'\urcorner) = i$$
$$g(\ulcorner \forall v_i < v_j\, \varphi'\urcorner) = j$$
$$h(\ulcorner \forall v_i < v_j\, \varphi'\urcorner) = \ulcorner \varphi'\urcorner$$

primitiv rekursiv sind. Wegen Satz 19.1 ist das also alles Σ_1-definierbar. Wenn wir endliche Folgen mit Hilfe der β'-Funktion beschreiben (siehe Folgerung 19.3), erhalten wir eine Σ_1-Formel $W_1'(f, a)$, sodaß für alle Σ_1-Formeln $\varphi = \varphi(v_0, \ldots, v_{s-1})$

$$P^* \vdash \forall a\, \big(\varphi(\beta'(a, \Delta_0), \ldots, \beta'(a, \Delta_{s-1})) \longleftrightarrow W_1'(\Delta_{\ulcorner\varphi\urcorner}, a)\big).$$

Man zeigt das durch Induktion über den Aufbau von φ.

Schließlich setzen wir $W_1(x) = W_1'(x, \underline{0})$. $\qquad\qquad\qquad\qquad\qquad\qquad\square$

Übungsaufgaben

80. Man definiert auf folgende Weise die Semantik modallogischer Formeln. Sei $\mathfrak{F} = (F, R)$ eine Struktur mit einer zweistelligen Relation und $\mu_{\mathfrak{F}}\colon F \times M \to \mathbf{W}$, F eine Abbildung, die jedem Element e von F eine Wahrheitswertbelegung $\mu_{\mathfrak{F}}(e, -)$ der Aussagenvariablen aus M zuordnet. Wir setzen μ_F auf modallogische Formeln fort durch $\mu_{\mathfrak{F}}(e, \neg f) = \neg \mu_{\mathfrak{F}}(e, f)$, $\mu_{\mathfrak{F}}(e, f \wedge g) = \mu_{\mathfrak{F}}(e, f) \wedge \mu_{\mathfrak{F}}(e, g)$ und $\mu_{\mathfrak{F}}(e, \square\, f) = \mathbf{W}$, wenn $\mu_{\mathfrak{F}}(e', f) = \mathbf{W}$ für alle $e' \in F$ mit eRe'.

Sei R eine transitive und fundierte Struktur, d.h. ohne eine unendliche Kette $e_0 R e_1 R e_2 \ldots$. Zeigen Sie, daß $\mu_{\widetilde{\mathfrak{S}}}(e, f) = \mathbf{W}$ für alle $\mu_{\widetilde{\mathfrak{S}}}$, alle $e \in F$ und alle Formeln f, die in Solovays Kalkül (siehe Fußnote 2) beweisbar sind.

Hinweis: Durch Induktion über die Länge des Beweises von f. Interessant ist nur der Fall $f = \Box (\Box g \rightarrow g) \rightarrow \Box g$.

In [24] wird gezeigt, daß auch die Umkehrung gilt.

Literatur

1. Samuel R. Buss, editor. *Handbook of proof theory*, volume 137 of *Studies in Logic and the Foundations of Mathematics*. North-Holland Publishing Co., Amsterdam, 1998.

2. Georg Cantor. Beiträge zur Begründung der transfiniten Mengenlehre. *Math. Ann.*, 46:481–512, 1895.

3. A. Church. A note on the Entscheidungsproblem. *J. Symbolic Logic*, 1:40–41, 1936.

4. Paul J. Cohen. The independence of the continuum hypothesis. *Proc. Nat. Acad. Sci. U.S.A.*, 50:1143–1148, 1963.

5. Stephen Cook. The importance of the P versus NP question. *J. ACM*, 50(1):27–29 (electronic), 2003.

6. S. Barry Cooper. *Computability theory*. Chapman & Hall/CRC, Boca Raton, FL, 2004.

7. Herbert B. Enderton. *A mathematical introduction to logic*. Harcourt/Academic Press, Burlington, MA, second edition, 2001.

8. Gerhard Gentzen. Untersuchungen über das logische Schliessen. I. *Math. Z.*, 39:176–210, 1934.

9. Gerhard Gentzen. *Neue Fassung des Widerspruchsfreiheitsbeweises für die reine Zahlentheorie.* (Forsch. z. Logik u. z. Grundlegung d. exakt. Wiss. N. F., 4) Leipzig: S. Hirzel. S. 19-44. , 1938.

10. Kurt Gödel. Die Vollständigkeit der Axiome des logischen Funktionenkalküls. *Monatsh. Math. Phys.*, 37(1):349–360, 1930.

11. Kurt Gödel. Über formal unentscheidbare Sätze der Principia Mathematica und verwandter Systeme. *Monatsh. Math.*, 38:173–198, 1931.

12. Kurt Gödel. The consistency of the axiom of choice and of the generalized continuum hypothesis. *Proc. Nat. Acad. Sci. U.S.A.*, 24:556–557, 1938.

13. R. L. Goodstein. On the restricted ordinal theorem. *The Journal of Symbolic Logic*, 9(2):33–41, 1944.

14. J. Herbrand. Sur le probleme fondamental de la logique mathématique. *Sprawozd. Towarz. Nauk. Warszaw., Wydz. III*, 24:12–56, 1931.

15. K. Jänich. *Topologie. 8. Aufl.* Springer-Lehrbuch. Berlin: Springer, 2005.

16. Thomas Jech. *Set theory*. Springer Monographs in Mathematics. Springer-Verlag, Berlin, 2003. The third millennium edition, revised and expanded.

17. Laurie Kirby and Jeff Paris. Accessible independence results for Peano arithmetic. *Bull. London Math. Soc.*, 14(4):285–293, 1982.

© Springer International Publishing Switzerland 2017

145

M. Ziegler, *Mathematische Logik*, Mathematik Kompakt, DOI 10.1007/978-3-319-44180-1

18. Sabine Koppelberg. *Handbook of Boolean algebras. Vol. 1.* North-Holland Publishing Co., Amsterdam, 1989. Edited by J. Donald Monk and Robert Bonnet.

19. Kenneth Kunen. *Set theory*, volume 102 of *Studies in Logic and the Foundations of Mathematics*. North-Holland Publishing Co., Amsterdam, 1983. An introduction to independence proofs, Reprint of the 1980 original.

20. Niklas Luhmann. *Soziale Systeme.* 1984.

21. David Marker. *Model theory*, volume 217 of *Graduate Texts in Mathematics*. Springer-Verlag, New York, 2002. An introduction.

22. J. A. Robinson. A machine-oriented logic based on the resolution principle. *J. ACM*, 12(1):23–41, 1965.

23. Joseph R. Shoenfield. *Mathematical Logic*. Addison–Wesley Series in Logic. Addison–Wesley Publishing Company, 1973.

24. Robert M. Solovay. Provability interpretations of modal logic. *Israel J. Math.*, 25:287–304, 1976.

25. K. Tent and M. Ziegler. *A Course in Model Theory*. ASL Lecture Note Series. Cambridge University Press, 2012.

Sachverzeichnis

Printed in the United States
By Bookmasters